ファースト
ステップ

情報通信ネットワーク

浅井宗海 著

近代科学社

◆ 読者の皆さまへ ◆

　小社の出版物をご愛読くださいまして，まことに有り難うございます．

　おかげさまで，㈱近代科学社は1959年の創立以来，2009年をもって50周年を迎えることができました．これも，ひとえに皆さまの温かいご支援の賜物と存じ，衷心より御礼申し上げます．

　この機に小社では，全出版物に対してUD（ユニバーサル・デザイン）を基本コンセプトに掲げ，そのユーザビリティ性の追究を徹底してまいる所存でおります．

　本書を通じまして何かお気づきの事柄がございましたら，ぜひ以下の「お問合せ先」までご一報くださいますようお願いいたします．

　お問合せ先：reader@kindaikagaku.co.jp

　なお，本書の制作には，以下が各プロセスに関与いたしました：

- 企画：小山 透，山口幸治
- 編集：大塚浩昭
- 組版：DTP／加藤文明社
- 印刷：加藤文明社
- 製本：加藤文明社
- 資材管理：加藤文明社
- 広報宣伝・営業：山口幸治，冨高琢磨

本書に記載されている会社名・製品名等は，一般に各社の登録商標または商標です．本文中の©，®，™等の表示は省略しています．

- 本書の複製権・翻訳権・譲渡権は株式会社近代科学社が保有します．
- [JCOPY] 〈(社)出版者著作権管理機構 委託出版物〉
本書の無断複写は著作権法上での例外を除き禁じられています．
複写される場合は，そのつど事前に(社)出版者著作権管理機構
（電話 03-3513-6969，FAX 03-3513-6979，e-mail: info@jcopy.or.jp）の
許諾を得てください．

本書について

　本シリーズは、コンピュータを初めて本格的に学ぶ大学生を対象にしたものです。シリーズの中で、本書は、コンピュータに関する入門学習が終わった学生の皆さんに、ネットワークに関する技術を分かりやすく、かつ、ネットワークを実践的に利用するために役立つ情報を紹介します。

　内容としては、最も普及しているLANとインターネットに重点を置き、その仕組みだけではなく、運用するための方法や、セキュリティの基本的な考え方と対策についても取り上げます。

　また、初めてネットワークやセキュリティについて学ぶ皆さんが、無理なく学べるように工夫をしました。たとえば、本書は大学の1セメスターの15回の授業を意識した構成となっており、1章の内容を1回の授業で学べるように、各章の量を概ね均等にしています。章の構成についても、次の様な工夫をしています。

■章の構成とねらい
・学習ポイントと動機付け
　　各章は教師と学生の対話から始まっています。その対話を通して、ここでの学習の重要性を伝え、動機付けを行っています。また、この章での学習目標を明確にするために、ページ下部の「この章で学ぶこと」で目標を箇条書で示しました。
・見出しの階層化と重要項目の明確化
　　できるだけ多くの見出しを階層的に付けることで、そこで何を説明しているのかという見通しをよくしました。また、それぞれの箇所でのポイントが一目瞭然になるように、重要部分を色付けして説明しています。さらに、本文では、技術的な内容（What）を羅列的に説明するのではなく、それがなぜ必要なのか（Why）といった説明を加え、納得できる解説になるように配慮しました。
・側注の活用
　　本文の説明が長くなりすぎるとポイントがぼけてしまうので、できるだけ文書は簡潔で、分かりやすい内容になるように配慮しました。そのため、発展的な内容や補足的な内容は側注で解説し、本文は重要点にしぼり、図解や具体例を使っ

て分かりやすさに配慮しました。
・章のまとめ
　章の終わりに、その章で必ず覚えてほしい内容をまとめて示し、重要点の明確化を図りました。授業の終わりの「まとめ」に利用していただけるように配慮しました。
・練習問題
　章の最初のページで示した学習目標である「この章で学ぶこと」が達成できたかを確認できるように、章末に練習問題を掲載しました。ここでの問題は、応用力を図るものではなく、あくまでも、章の最初の学習目標で示した内容の理解を確かめるものとなっています。確実に解けるように努め、学習成果を確実なものにしてください。

　さらには、巻末に、本書の総合的な復習として、「総合演習」を掲載しました。応用力を付けるためにチャレンジしてみてください。

　本書を学ぶことによって、何気なく日常的に使っていたネットワークが、その仕組みを理解して利用できるようになり、また、その運用のための簡単な操作と、ネットワークの危険性を意識し、リスクに対応した利用ができるようになっていいただけることを願っております。もし、本書によって、ネットワークを楽しく安全に利用できるようになったと感じていただければ、著者としてこれ以上の喜びはありません。
　最後に、本書の出版機会を与えていただいた近代科学社小山透社長と元大阪成蹊大学教授の國友義久先生、このシリーズ出版プロジェクトを精力的に引っ張っていただいたプロジェクトリーダの山口幸治氏、編集作業で大変お世話になった大塚浩昭氏、また、原稿の確認作業を手伝ってくれた通信会社に勤める息子の浅井拓海に感謝の意を表します。

2011 年 8 月
浅井　宗海

目次

はじめに

第1章　身近なネットワークとその種類　　1
- 1.1　インターネットと通信回線　……… 2
- 1.2　ネットワークの代表的な形態 …… 7
- 練習問題 ……………………………… 13

第2章　LANで通信するための仕組み　　15
- 2.1　LANのつなぎ方 ……………… 16
- 2.2　LANでの通信の仕組み ……… 22
- 練習問題 ……………………………… 29

第3章　インターネット通信の仕組み1 ― IPアドレス　　31
- 3.1　アドレスの仕組み ……………… 32
- 3.2　IPの通信方法 …………………… 39
- 練習問題 ……………………………… 45

第4章　インターネット通信の仕組み2 ― ルーティング　　47
- 4.1　ルータ ……………………………… 48
- 4.2　ルーティング …………………… 52
- 4.3　IPアドレスの変換 ……………… 56
- 練習問題 ……………………………… 60

第5章　インターネット通信の仕組み3 ― TCP/IPモデルとTCP　　61
- 5.1　通信の階層 ……………………… 62
- 5.2　トランスポート層 ……………… 66
- 練習問題 ……………………………… 75

第6章　通信サービスについて　77

- 6.1　代表的な通信サービス …… 78
- 6.2　IPアドレスに関連するサービス …… 84
- 練習問題 …… 93

第7章　ネットワークを管理する　95

- 7.1　ネットワークの運用と管理について …… 96
- 7.2　IPネットワークを調べる方法 …… 102
- 練習問題 …… 112

第8章　情報セキュリティについて　113

- 8.1　情報資産とそのリスク …… 114
- 8.2　情報セキュリティの考え方と対策 …… 122
- 練習問題 …… 131

第9章　セキュリティ技術について　133

- 9.1　ファイアウォールとDMZ …… 134
- 9.2　無線LANのセキュリティ …… 140
- 練習問題 …… 144

第10章　暗号化と認証技術について　145

- 10.1　暗号化の技術 …… 146
- 10.2　認証の技術 …… 153
- 練習問題 …… 159

第11章 企業でのネットワーク応用　161

11.1 インターネットを使ったWANの構築 …… 162
11.2 社内LANの仮想的なグループ化 …… 168
練習問題 …… 175

第12章 ネットワーク総合演習　177

12.1 IPアドレスの設定 …… 178
12.2 動的なルーティング …… 181
12.3 ファイアウォールの設定 …… 185
練習問題解答 …… 190

索引 …… 197

はじめに

教師：こんにちは。
　　　それでは、「情報通信ネットワーク」の授業ガイダンスを始めましょう。

学生：はーい。

教師：ところで、なぜ皆さんは、この授業を選択したのですか？

学生：いきなり質問ですか？
　　　えーと、やはり、現在は、インターネットや携帯など、ネットワークのない生活は考えられないので、学ぶ必要があると思ったからです。

教師：その通り！
　　　今後、皆さんが社会に出て働く場合でも、仕事にとってネットワークの利用は不可欠です。インターネット使った取引、広報や打合せなどの仕事が益々増えていくでしょう。ですから、ネットワークの基本を身につけておくことは、今後の皆さんにとって、大変に意義のあることです。

学生：（確かに、重要な気がしてきた）

教師：それでは、この授業が終わったときに、ネットワークをより有効に使える自分になれるように、頑張って学習を始めましょう。

テッド・ネルソン：
　こうしてネットワーク上のすべてのコンピュータに記憶された文献の内容は、単一の統一体に統合され続ける。
　　　　　　　　　『リテラリーマシン―ハイパーテキスト原論』より

第1章
身近なネットワークとその種類

学生：先生、講義の質問で研究室に行ってもいいですか？

先生：熱心だね。大歓迎だよ。ただ、今日は都合が悪いので明日以降の都合の良い時間を、私に電子メールで連絡してくれるかな。

学生：了解しました。それでは、携帯から先生のメルアドにメールを送ります。

先生：君の携帯は、私のインターネットの電子メールアドレスにもメールを送れるのかね？　私の携帯電話からは送れないのだが…

学生：先生！　それって、携帯の設定がされてないだけですよ〜　先生の携帯、貸してください。設定してあげまから。

先生：ありがとう。携帯電話のメールとインターネットのメールはつながっていないものだと諦めていたが、助かったよ。やっぱり、インターネットは便利だね。

学生：…

この章で学ぶこと

1. インターネットに接続するときの概要を説明できる。
2. 回線事業者とISPの違いと主な伝送路について説明できる。
3. LANとWANの意味を説明できる。
4. クライアントサーバとイントラネットについて説明できる。

第 1 章 ● 身近なネットワークとその種類

1.1　インターネットと通信回線

A　身近なインターネット

- インターネットとは、世界中のネットワークをつなぐネットワークである。
- インターネットの接続には、回線事業者の提供する回線とプロバイダ（ISP）の接続サービスとを利用する。

　パソコンや携帯電話を使った一番身近なネットワークは、いうまでもなく**インターネット**（Internet）です。このインターネットを含め、パソコン、電話やFAXなどの通信機器を使ったネットワークを、人のつながりといった意味を含む一般的なネットワークと区別するために、**情報通信ネットワーク**と呼ぶことがあります。

　情報通信ネットワークの一つであるインターネットを使うことで、私たちは、世界中の人と**電子メール**のやり取りをしたり、世界中に公開されている**Web**ページを見て情報収集をしたりすることができます。ただ、この便利なインターネットを家庭で利用するためには、図1.1に示すようなインターネットへの接続を行う必要があります。

> インターネットは、異なる情報通信ネットワーク間をつなぐ技術を使い、構築された広範囲なネットワークを指す言葉です。しかし、一般に使われるインターネットという言葉は、この技術を使い、現実に私たちが使っている、世界中をつないでいるネットワーク自身を指す固有名詞として使われることが多いようです。
> このインターネット技術は、1969年にアメリカ国防総省の国防高等研究計画局（略称 ARPA）により開発されたARPANET（アーパネット）が基礎となっています。

> ホームページとは、ある企業や学校などWeb画面の最初のページ（トップページともいう）を指す言葉で、Web画面のすべてのページに対してはWebページという言葉を使う方が適切です。

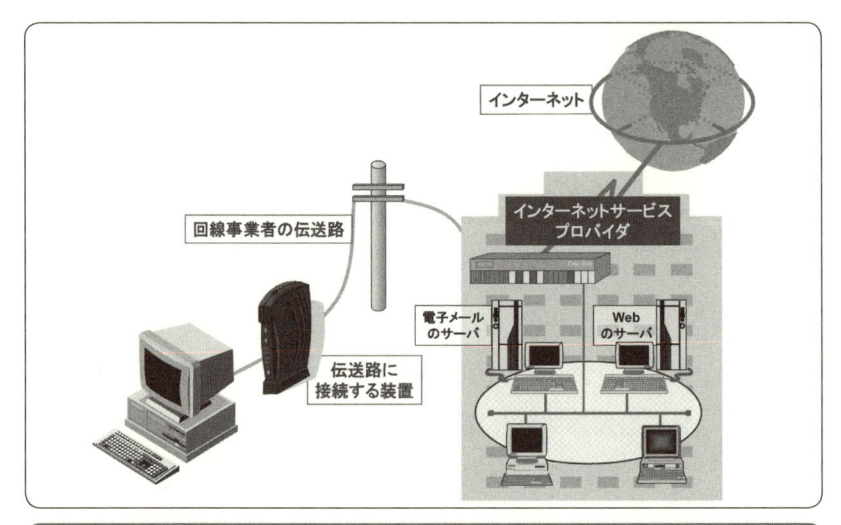

図 1.1　インターネットに接続するイメージ

図 1.1 に示すように、一般的には、家庭のパソコン（以降、PC という）をインターネットに接続するためには、**回線事業者**と呼ばれる NTT などの回線と、インターネットへの接続をサービスしてくれるプロバイダ、すなわち**インターネットサービスプロバイダ**（ISP：Internet Service Provider）を利用する必要があります。

B 回線事業者と ISP

- 電気通信事業法という法律では、多くの場合、回線事業者は「電気通信回線設備を設置する事業者」に、ISP は「電気通信回線設備を設置しない事業者」に分類される。
- インターネットの接続には、電話をかけて接続するダイヤルアップ接続と常時接続されているブロードバンド接続がある。

回線事業者は、**電気通信事業法**という法律では「**電気通信回線設備を設置する事業者**」と呼ばれる企業で、固定電話、携帯電話、PHS などで通信を行うための**伝送路**をもって通信サービスを行っている企業のことです。よく知られている会社には、NTT グループ、KDDI グループやソフトバンクグループなどがあります。この他に、電力会社やケーブルテレビの事業者なども、回線事業者として参入しています。

これらの回線事業者が提供する通信サービスで、インターネットへの接続に利用される伝送路としては、ダイヤルアップ接続に利用される一般電話回線や ISDN、ブロードバンド接続に利用される ADSL、FTTH や専用線などがあります（これらの伝送路の特徴については、次項の表 1.1 に示します）。

ダイヤルアップ接続（ダイヤルアップインターネット接続）とは、電話番号を使って ISP に接続する方法です。**ブロードバンド接続**（ブロードバンドインターネット接続）は、電話をかけることなく常時 ISP に接続されており、特に高速な通信が行える特徴をもつ方法で、現在、最も普及している接続方法です。一般電話や ISDN を使ったダイヤルアップ接続は、高速な通信が行えないので、ブロードバンドに

電気通信事業法は、昭和 59 年 12 月 25 日に発令された法律（第 86 号）で、電気通信事業について定めています。

PHS（Personal Handyphone System）は、携帯電話よりも周波数の高い電波を使った通信手段で、通信設備が簡易なものですむ反面、通信距離が短いため通信設備がたくさん必要になります。

第 1 章　身近なネットワークとその種類

_{ブロード（broad）とは広い、ナロー（narrow）とは狭いという意味の言葉です。}

対して、**ナローバンド**と呼ばれることもあります。

　図1.1に示すように、PCを回線事業者の伝送路を使い、ブロードバンド接続等でISPにつなぐことで、私たちはインターネットを使うことができます。このように、ISPは、インターネットへの接続や電子メールのサービスを提供する企業で、そのサービスはOCN、Yahoo!BB、BIGLOBE、@niftyやSo-netといったサービス名で提供されています。

　ISPも、回線事業者と同じく電気通信事業者に分類されますが、電気通信事業法では「**電気通信回線設備を設置しない事業者**」に分類されます。ただ、回線事業者の中には、ISPも併せて提供する会社もあります。

C　伝送路

- 通信の速さを表すデータ転送速度の単位はビット／秒（bps）である。
- 伝送路は、連続的な波形（アナログ信号）を送るアナログ回線、不連続な波形（ディジタル信号）を送るディジタル回線に分類される。
- インターネット接続に使われる伝送路には、固定電話回線、ISDN、ADSL、FTTH、専用線などがある。

_{ナローバンドとブロードバンドを区別する明確なデータ転送速度の値があるわけではありません。ナローバンドは128kbps以下という説もあります。}

C - ① データ転送速度

　回線事業者が提供する伝送路には、ナローバンド（ダイヤルアップ）とブロードバンドがありました。この二つを区別する特徴に、通信の速さがあります。通信の速さは**データ転送速度**と呼ばれ、この速度は、

　　　　ビット／秒（**bps**：bits per second）

という単位で表現され、1秒間に送ることのできるビット数（2進数の数）を表します。

　一般的に、ブロードバンドは500kbps以上のデータ転送速度をもつ伝送路といわれています。500kbpsとは、1秒間に500,000ビット（2進数の1桁の値を50万個）を通信する速度です。ということは、

<sub>単位の接頭辞：
k（キロ）
1k = 1,000
M（メガ）
1M = 1,000,000
G（ギガ）
1G = 1,000,000,000
T（テラ）
1T = 1,000,000,000,000</sub>

500kbps より低速の伝送路はナローバンドに位置づけられることになります。

ⓒ - ② アナログ回線とディジタル回線

伝送路には、アナログ回線とディジタル回線という分類もあります。**アナログ回線**とは、アナログ信号を送る伝送路のことで、**ディジタル回線**とは、ディジタル信号を送る伝送路のことです。図 1.2 に示すように、アナログ信号は、電圧などの連続的な変化を示す波形で表現される信号であり、ディジタル信号は、電圧などの不連続な変化を示す波形で表現される信号です。電話機が伝える音声信号はアナログ信号であり、PC が伝えるデータの信号はディジタル信号です。

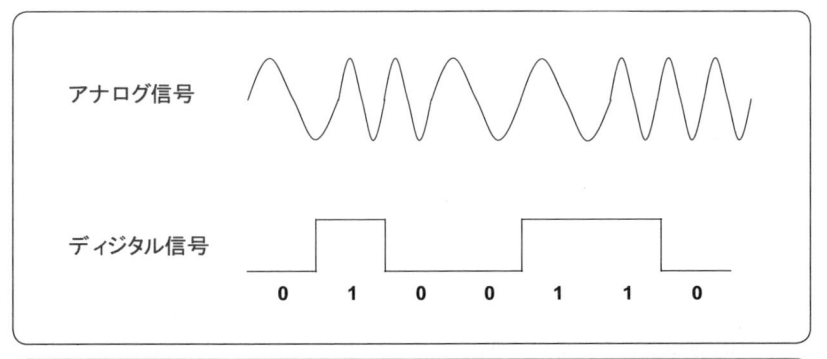

図 1.2　アナログ信号とディジタル信号の例

ⓒ - ③ インターネット接続に使う伝送路

回線事業者が提供する伝送路の主なものの特徴を示すと、表 1.1 のようになります。

表 1.1　インターネット接続に利用される伝送路

固定電話（一般電話）回線
固定電話同士を電話番号によって、交換機が回線を接続するという電話網で、アナログ回線です。この伝送路に PC をつなぐためには、ディジタル信号をアナログ信号で送ることができるように変換するモデムという装置が必要になります。 　モデム（modem：modulator demodulator、変調復調装置）を使うと、最大で 56,000bps のデータ転送が行えます。

ISDN (Integrated Services Digital Network)

ISDNは、総合ディジタル通信網サービスとも呼ばれるように、交換機によって接続するディジタル回線です。ISDNの回線は、Bチャネルと呼ばれるデータを通信するための伝送路が2つと、Dチャネルと呼ばれるデータ通信を制御するための伝送路により構成されています。Bチャネルのデータ伝送速度は64kbpsなので、2チャンネルをすべてデータ通信に利用すると最大で128kbpsでデータ転送を行うことができます。

ISDNとPCはディジタル信号同士ですが、インタフェースが違うので、インタフェースを変換する**ターミナルアダプタ**（TA：Terminal Adapter）という装置が必要になります。

ADSL (Asymmetric Digital Subscriber Line)

ADSLは、先のアナログ回線である固定電話回線を使い、アナログ通信にディジタル情報を合成（多重化）して通信を行う方式なので、電話をしながらインターネットでのデータ通信を行うことができます。データ伝送速度は、インターネットからPCへのデータ伝送（下り、ダウンリンク）が12 Mbps、24 Mbpsまたは40Mbpsなどの速度で、PCからインターネットへのデータ伝送（上り、アップリンク）が3Mbpsまたは5Mbpsなどの速度となっています。

固定電話回線を使ってADSL通信を行うためには、**ADSLモデム**という装置が必要になります。

FTTH (Fiber To The Home)

FTTHは、固定電話回線で使われる金属線に替わって、一般家庭への伝送路として光ファイバーを利用するという通信方式のことです。NTT系ではフレッツ・光、KDDIではひかりone、ソフトバンクではYahoo! BB 光といった名称で提供されています。データ伝送速度は、最大で100Mbpsとなっています。

FTTHにつなぐためには光信号と電気信号を変換するための光回線終端装置が必要になります。光回線終端装置で、特に家庭で利用するものを光ネットワークユニット（**ONU**：Optical Network Unit）といいます。

専用線

専用線は、特定の地点間を結ぶ専用の伝送路を回線事業者から定額（固定）料金で借りるもので、固定電話回線やISDNなどの伝送路とは切り離されているため、他からその伝送路内に侵入される危険性の低い伝送路です。伝送路にはアナログとディジタルがあり、ディジタルの場合のデータ伝送速度には、サービスによって0.5Mbps～40Gbpsまで色々な速度を選ぶことができます。

専用線は、個人の利用ではなく、一般的には、企業が本支店間やインターネットと接続するために利用されます。

インタフェースは、機器をつなぎ、機器間でデータのやり取りを行えるようにするものであり、インタフェースの規格毎で、接続するコネクタの形状や通信方法が決まっています。

ADSLやFTTHでの料金は、固定電話回線のように、通話した量で課金する従量制通信料金ではなく、使った量に関係なく、一ヶ月で幾らといった決った金額を払う月額定額制料金となっています。

ADSLは、DSL（ディジタル加入者線）の一種で、上りと下りの通信速度が異なる非対称であることからADSL（非対称ディジタル加入者線）と呼ばれます。

1.2 ネットワークの代表的な形態

A　LANとWAN

- **LANはビルなどの限定された範囲で構築されるネットワークである。**
- **WANは回線事業者の伝送路を使って離れた場所にあるビル間などのLANをつなぐネットワークである。**

　企業では、一人が1台のPCを占有して利用する環境が普通になってきています。そして、各自が使うそれぞれのPCは、PC間でデータのやり取りを行うためや、1台のプリンタを複数のPCで共同に利用するために、例えば図1.3に示すような、ネットワークでつないだ構成になっています。

　構築されるネットワークが、ビルや敷地内などの限定された範囲であるものを**LAN**（**Local Area Network**、ラン）といいます。LANの場合は、ビルや土地の所有者や利用者が私設で、自由にネットワークを構築することができます。

　しかし、会社の本店と支店といったように、離れた場所のビルや敷地にあるLANやPCをネットワークでつなぐ場合、この接続を勝手に行うことはできません。この場合は、回線事業者がもつ専用線などのサービスを使って接続します。この接続によって構築されるネットワークのことを**WAN**（**Wide Area Network**、ワン）といいます。

WANは、回線事業者の伝送路を利用しますが、図1.3のように本社と支社をつなぐといった場合は、その企業内に限定されたネットワークなので、インターネットではありません。企業がインターネットを利用する場合でも、ISPに接続してもらうことが必要になります。

第 1 章 ●───身近なネットワークとその種類

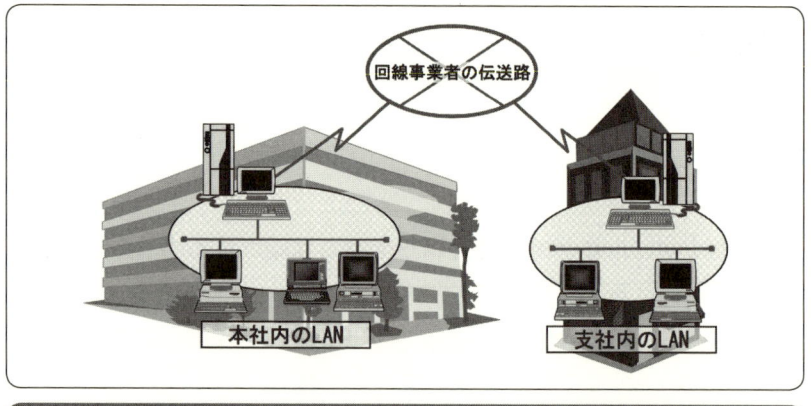

図1.3　LANとWANのイメージ

B　クライアントサーバ

> ● サーバはサービスを提供する側、クライアントはサービスを受容する側のコンピュータまたはソフトウェアのことである。
> ● クライアントサーバシステムは、クライアントとサーバという需給関係で構成するシステムのことである。

　LANやWANを利用する理由は、先にも述べたように、企業などの組織内で情報を共有したり、プリンタなどの機器を共有することです。このとき、図1.4に示すように、LANには二つの役割をもつPCなどのコンピュータで構成されます。それらは、クライアントとサーバと呼ばれます。

・**サーバ**とは、サービスを提供する側のコンピュータまたはソフトウェア
・**クライアント**とは、サービスを受容する側のコンピュータまたはソフトウェア

　クライアントとサーバで構成するシステムのことを**クライアントサーバシステム**といいます。LAN上で構築されるシステムのほとんどが、このクライアントサーバシステムです。一般に、組織の社員が利用しているPCは、クライアントの位置づけとなります。

　図1.4のクライアント側のPCが、プリントを行う場合、**プリントサーバ**に印刷を依頼することで、プリントすることができます。また、部

最近のプリンタは、ネットワーク機能有しているものが多く、これらのプリンタの場合は、それ自身がプリントサーバの役割を果たすので、図1.14のような専用のPCを必要としません。

署内で共有したい情報を**ファイルサーバ**に格納することで、LAN につながる部署内のクライアント側の PC で、その情報を共同利用することができます。

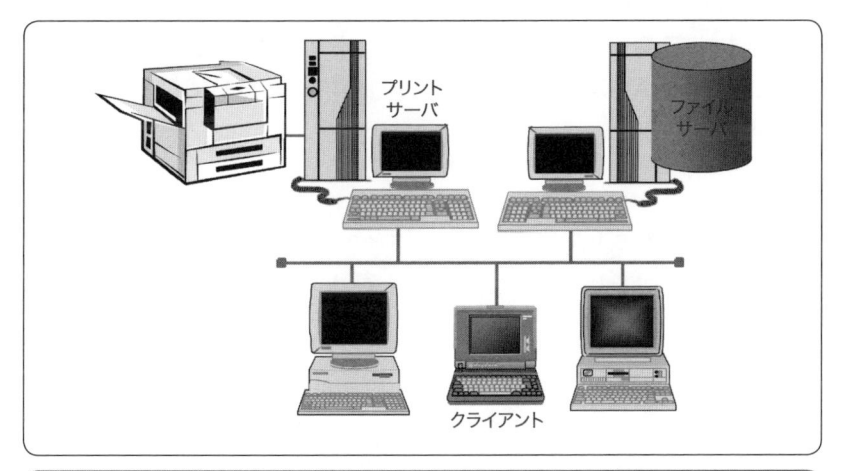

図1.4　クライアントサーバシステムのイメージ

　ところで、クライアントサーバシステムでは、クライアント側の PC とサーバ側の PC で構成されるように説明しましたが、正確には、クライアント側の PC とは処理要求を多く出す PC であり、サーバ側の PC とは要求された処理を行うことの多い PC といった意味になります。

　たとえば、プリントサーバとは、PC のことではなく、プリントサーバという機能を果たすソフトウェアとそれを実行するシステム（**処理系**）のことを指しています。すなわち、プリントサーバのソフトウェアをインストールされた PC は、その役割を果たすことのできる処理系なので、自ずとプリント要求を多く受け付けることになるために、その PC 自体をプリントサーバと呼ぶことがあります。ただ、その PC 上でワープロを使って印刷すると、その PC 1 台の中で、クライアントとサーバが共存することになります。

　したがって、クライアントサーバシステムとは、正確には、要求を出すクライアントの処理と、その要求に対応するサーバの処理の二つの処理形態を実現するシステムとなります。この処理形態を**クライアントサーバ処理**ということもあります。

C イントラネット

- Web ブラウザと Web サーバ、メーラとメールサーバはクライアントとサーバの関係である。
- イントラネットは、インターネットで使われている技術を LAN や WAN などの企業などの組織内に限定して利用するシステムである。

　実は、インターネットで Web ページを見るときの仕組みや、電子メールをやり取りする仕組みは、クライアントサーバ処理で実現されています。たとえば、私たちは、Web ページを見るときに、マイクロソフト社の Internet Explorer（インターネットエクスプローラ）やオープンソースソフトウェアの Mozilla Firefox（モジラ ファイアフォックス）などの **Web ブラウザ** を使い、「http://www.～」といった記述の **URL**（Uniform Resource Locator）を指定することで、目的の Web ページを見ることができます。

　このとき、Web ブラウザで見ている Web ページは、URL で指定したインターネット上の場所にある **Web サーバ** が、URL の指定という要求を受け、要求のあった Web ブラウザに自分がもつ Web ページを配信した情報です。このように、Web ページを見る仕組みは、クライアントである Web ブラウザの要求とサーバである Web サーバの処理によって実現されます。電子メールについても、**メーラ**というクライアントと**メールサーバ**というサーバにより構成されています。

　図 1.5 に示すように、Web や電子メールといったインターネットで使われている技術を、LAN や WAN などの企業などの組織内に限定して利用する目的で構築したネットワークシステムを、**イントラネット**（Intranet）といいます。図 1.5 からも分かるように、イントラネットは、あくまでも社内等の限定された範囲であり、外部につながっていないネットワークであることに注意しましょう。

オープンソースソフトウェア（OSS：Open Source Software）とは、ソフトウェアの著作者の権利を守りながらソースコードを公開して、利用の自由度を高めたライセンス（ソフトウェアの使用許諾条件）を示すソフトウェアのことです。

URL については、第 5 章で詳しく解説します。

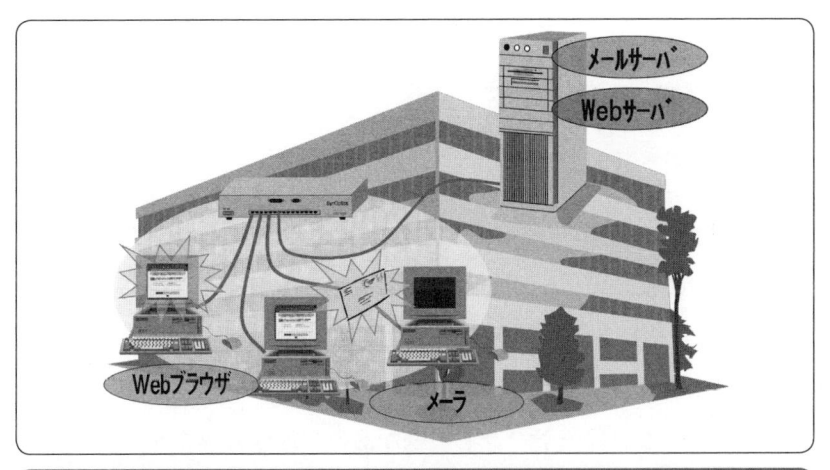

1.2 ネットワークの代表的な形態

図1.5　イントラネットのイメージ

この章のまとめ

1. インターネットは世界中のネットワークをつなぐネットワークであり、インターネットの接続には、回線事業者の提供する回線とプロバイダ（ISP）の接続サービスとを利用する。

2. インターネット接続には、電話をかけて接続するダイヤルアップ接続と、常時接続されているブロードバンド接続がある。通信の速さを表すデータ転送速度の単位は、ビット／秒（bps）である。

3. 電気通信事業法という法律では、多くの場合、回線事業者は「電気通信回線設備を設置する事業者」に、ISP は「電気通信回線設備を設置しない事業者」に分類される。

4. 伝送路は、連続的な波形（アナログ信号）を送るアナログ回線、不連続な波形（ディジタル信号）を送るディジタル回線に分類される。

5. 回線事業者が提供する伝送路には、固定電話回線、ISDN、ADSL、FTTH、専用線などがある。

6. LAN はビルなどの限定された範囲のネットワークであり、WAN は回線事業者の伝送路を使って離れた場所にあるビルなどの LAN をつなぐネットワークである。

7. サーバはサービスを提供する側、クライアントはサービスを受容する側のコンピュータまたはソフトウェアのことである。Web ブラウザと Web サーバ、メーラとメールサーバはクライアントとサーバの関係である。クライアントサーバシステムは、クライアントとサーバという需給関係で構成するシステムのことである。

8. イントラネットは、インターネットで使われている技術を LAN や WAN などの閉じたネットワーク内で限定して利用するシステムである。

練 習 問 題

問題1 インターネットに接続するときの回線事業者とISPの役割を簡単に説明しなさい。また、この二つの事業者に関わる法律の名称を述べなさい。

問題2 1Mbpsのデータ転送速度について、分かりやすく説明しなさい。

問題3 回線事業者が提供するADSLとFTTHの伝送路について、その特徴を簡単に説明しなさい。

問題4 LANとWANについて簡単に説明しなさい。

問題5 クライアントとサーバの意味と、それぞれの代表的なクライアントとサーバの例を挙げなさい。

問題6 イントラネットについて簡単に説明しなさい。

第2章
LANで通信するための仕組み

学生：第1章でLANのことを学びましたが、学校のPC教室のPCはLANでつながっているのでしょうか？

先生：いいところに気づいたね。PC教室でレポートをプリントするとき、どのPCから印刷しても、教室の隅にあるプリンタから出力されるよね。

学生：なるほど！　プリンタを共有してますよね。それに、レポートを提出するとき、先生のフォルダに入れますよね。

先生：そうだね。それが、ファイルの共有という機能を使っているんだよ。

学生：そういえば、PC教室のPCの裏側から、細長い線が出ていて、どこかにつながっていますね。これが、LANの線でしょうか？

先生：線にまで気づきましたか。それでは、LANについて、さらに学んでいきましょう。

この章で学ぶこと

1. LAN（イーサネット）の接続方法と構成する部品について概説できる。
2. イーサネットの代表的な規格名を列挙し、簡単な特徴を説明できる。
3. イーサネットの通信方式（CSMA/CD）とMACアドレスについて説明できる。
4. ハブとスイッチングハブについて概説できる。

第 2 章　LAN で通信するための仕組み

2.1　LAN のつなぎ方

A　イーサネット

> ● ほとんどの LAN が、イーサネット（規格 IEEE 802.3）の方式である。

　複数の PC を LAN でつなぐ方法は意外に簡単で、図 2.1 に示すように、NIC、LAN ケーブルとハブがあれば構築できます。これらの装置やケーブルについては後で詳しく説明しますが、この図の LAN は、現在最も普及している**イーサネット**（Ethernet、**IEEE 802.3** という規格）と呼ばれる種類のネットワークです。

　図に示すようなイーサネットの場合、PC 間で 10Mbps、100Mbps や 1000Mbps といったデータ転送速度で、通信を行うことができます。

IEEE（The Institute of Electrical and Electronics Engineers, Inc.）は、米国電気電子学会とも呼ばれることのある、アメリカ合衆国に本部をおく電気・電子技術に関する学会であり、電気・電子技術に関する規格を作成する活動も行っています。

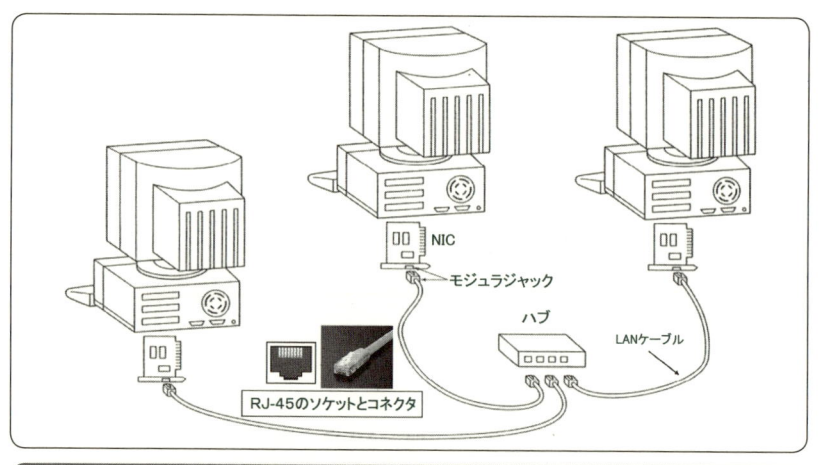

図 2.1　LAN（イーサネット）の構成例

B　イーサネットを構成する部品

> ● LAN は、LAN ケーブル、NIC、ハブといった部品で構成される。
> ● LAN ケーブルには RJ-45（ツイストペアーケーブル）がよく使われ、NIC（LAN カード）には MAC アドレスにより識別する仕組みがあり、ハブには LAN ケーブルをつなぐ複数のポートがある。

2.1 LANのつなぎ方

　図2.1に示すLANケーブル、NIC、ハブといったイーサネットを構成する主要な部品について、表2.1に紹介します。

表2.1　イーサネットを構成する代表的な部品

LANケーブル

　PCをネットワークにつなぐためのケーブルをLANケーブルといいます。LANケーブルには色々な種類がありますが、写真のケーブルは、現在最も多く利用されているケーブルで、両端には、PCやハブと接続するために、RJ-45と呼ばれるコネクタがついています。

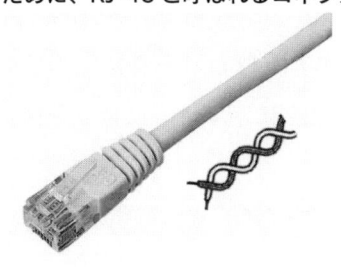

　このケーブルは、ケーブルの保護カバーの中に、図のように、二つの導線がよられた状態で入っているので**ツイストペアーケーブル（Twisted Pair Cable、より対線）**と呼ばれます。

NIC（Network Interface Card）

　NICは、イーサネットでのデータ通信を行うための装置で、**LANカード（LANアダプタ）**とも呼ばれることもあります。NICは、PCの機器の拡張を行うカードスロットに装着して利用します。ただ、最近のPCはネットワークの利用が当たり前になってきているので、ほとんどのPCは既にNICを内蔵しています。

　写真からも分かるように、NICにはLANケーブルを接続するためのRJ-45のソケットがついています。

　また、各NICには、それぞれ異なる**MAC（Media Access Control）アドレス**と呼ばれる固定的な番号（48ビットの符号）がついています。この番号によって、ネットワークにつながれたPC（正確にはPCに装着されたNIC）が識別できる仕組みとなっています。

ハブ（HUB）

　ハブは、図2.1からも分かるように、複数のPCを接続するためにたくさんのRJ-45のソケットが並んでおり、接続されたPC同士でデータ通信を行うことができます。すなわち、あるPCから流れてきたデータを、ハブにつながっているその他のPCに流すという役割をしています。

　それぞれのソケットをポートと呼びます。図のハブは8ポートのハブですが、製品によっては、4ポート、16ポートや32ポートといったものがあります。

ツイストペアーケーブル（正式には、ツイステッド・ペア・ケーブル）には、カテゴリ3（CAT 3）、カテゴリ5（CAT 5）やカテゴリ6（CAT 6）といった種類があり、100Mbpsや1000Mbpsといったデータ伝送速度で利用する場合はカテゴリ5以上を使う必要があります。現在は、ほとんどカテゴリ5以上の製品となっています。

表2.1の写真参照先：株式会社アイ・オー・データ機器

C イーサネットの種類

- イーサネットには、10BASE-T、100BASE-TX や 1000BASE-T といった種類の規格がある。
- 規格によってデータ転送速度やケーブルの種類などが異なる。

　図 2.1 に示したイーサネットは、現在最も普及している 10BASE-T、100BASE-TX（Fast Ethernet ということもある）や 1000BASE-T（Gigabit Ethernet ということもある）と呼ばれる種類での構成方法です。イーサネットには、他にも表 2.2 に示すように色々な種類があります。

表 2.2 の距離は、1 本のケーブルで伝送できる最大の長さを示しています。

表 2.2 イーサネットの種類

規格名	IEEE の規格	転送速度	ケーブル	距離
10BASE2	IEEE802.3a	10Mbps	直径 5mm の同軸ケーブル	185m
10BASE5	IEEE802.3	10Mbps	直径 12mm の同軸ケーブル	500m
10BASE-T	IEEE802.3i	10Mbps	ツイストペアーケーブル（CAT3）	100m
100BASE-TX	IEEE802.3u	100Mbps	ツイストペアーケーブル（CAT5）	100m
100BASE-FX	IEEE802.3u	100Mbps	マルチモード光ファイバケーブル	2000m
			シングルモード光ファイバケーブル	20km
1000BASE-T	IEEE802.3ab	1000Mbps	ツイストペアーケーブル（CAT5）	100m
1000BASE-SX	IEEE802.3ae	1000Mbps	マルチモード光ファイバケーブル	300m
1000BASE-LX	IEEE802.3ae	1000Mbps	マルチモード光ファイバケーブル	550m
			シングルモード光ファイバケーブル	5000m
10GBASE-T	IEEE802.3an	10Gbps	ツイストペアーケーブル（CAT6）	100m
10GBASE-SR	IEEE802.3ae	10Gbps	マルチモード光ファイバケーブル	300m
10GBASE-LR	IEEE802.3ae	10Gbps	シングルモード光ファイバケーブル	10km

　イーサネットの種類の名称（規格名）は、表 2.2 からも推測できるように、

$$\underset{\text{データ転送速度}}{10} \underset{\text{ケーブルの種類}}{\text{BASE-T}}$$

というように、10は10Mbpsという速度、Tはツイストペアーケーブルというケーブルの種類を表しています。

10BASE 2と10BASE 5については伝送路として、図2.2に示す同軸ケーブルを使っています。ただ、この二つの規格は、イーサネットの初期の頃の規格で、現在はほとんど使われていません。

100BASE-FX、1000BASE-SX、1000BASE-LXなどでは伝送路として、図2.2に示す光ファイバーケーブルを使っています。光ファイバーケーブルを使うイーサネットは、データ伝送速度が速くて長距離の通信が可能です。ただ、その設備がツイストペアーケーブルのものと比べ高価なため、ビルの各フロアーをつなぐ基幹のネットワークなどに利用されることが多いようです。

> 10BASE-Tのベース(BASE)とは、**ベースバンド通信方式**のことを指しています。ベースバンド通信方式とは、図1.2で示したディジタル信号を伝送する方式です。

> マルチモード光ファイバ(MMF)ケーブルは、コアが太くて曲げに強いので扱いやすのですが、通信距離が長くありません。シングルモード光ファイバ(SMF)ケーブルは、コアが細くて曲げに弱く高価なのですが、通信距離が長いといった特徴をもっています。

【同軸ケーブル】 外側の導線／中心の導線
【光ファイバケーブル】 コア(光が伝わる箇所)／クラッド(光をコア内に反射させる箇所)／光は反射しながら伝わる。

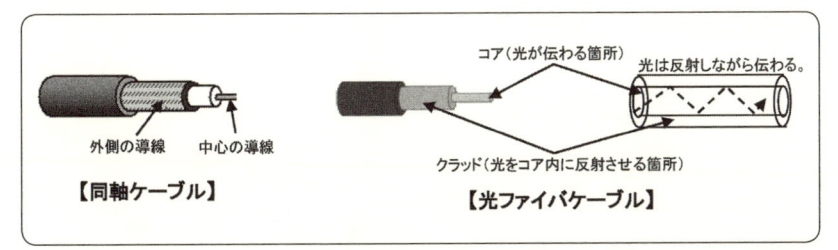

図2.2 同軸ケーブルと光ファイバケーブルのイメージ

D イーサネットの接続形態

- ネットワークのトポロジには、スター型、バス型とリング型がある。
- イーサネットはスター型とバス型で、10BASE-T、100BASE-TXや1000BASE-Tはスター型で構成される。

10BASE-T、100BASE-TXや1000BASE-Tは、図2.3に示すようにハブを中心としてたこ足に接続します。この接続の形状を**スター型**といい、また、接続の形状のことを**トポロジ**（topology、ネットワークトポロジ）といいます。

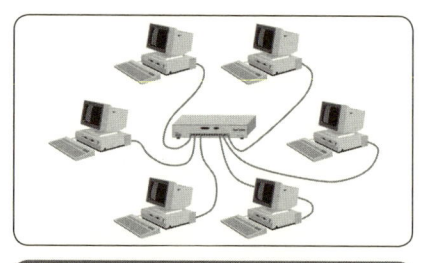

図2.3 スター型

イーサネットの他に、光ファイバケーブルを使って100Mbpsの通信が可能なLAN規格の一つであるFDDI（Fiber-Distributed Data Interface）があります。FDDIは、リング型のトポロジであるトークンリング方式を採用しています。

トークンリング（Token Ring）方式では、環状にPCがつながっており、その環の中をトークンと呼ばれる情報が巡回しています。PCが通信を行うときには、このトークンを取得してから行い、終了するとトークンを戻すという通信方式です。トークンは一つしかないので、環の中でデータが衝突することなく通信を行うことができます。

トポロジの代表的な種類として、スター型以外には、図2.4に示すバス型とリング型があります。**バス型**は一本の基幹線にPCをつなぐ形状で、**リング型**は、環状の基幹線にPCをつなぐ形状です。10BASE 2と10BASE 5では、図2.4に示すバス型の接続をします。リング型の接続を行うネットワークには**トークンリング方式**があります。トークンリング方式は、イーサネットとは異なる種類で、**IEEE802.5**として規格化されています。現在では、あまり使われていません。

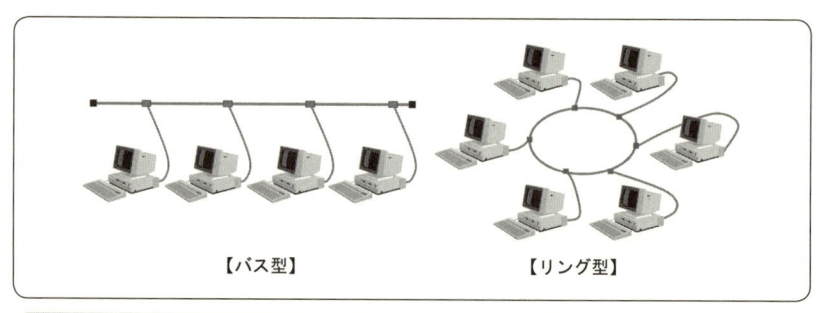

【バス型】　【リング型】

図2.4 バス型とリング型

E 無線LAN

- 無線LANは、アクセスポイント（無線LAN親機）とPCに接続した無線LAN子機との間で、無線により通信する。
- 無線LANの規格（IEEE802.11）には、IEEE 802.11aやIEEE802.11bなどの種類があり、特にこの二つの規格での通信をWiFiと呼ぶ。

ケーブルを使う**有線LAN**の他に、ケーブルの替わりに無線を使っ

て通信を行う無線LANが、最近では普及してきています。無線LANとは、図2.5に示すように、**アクセスポイント**（無線LAN親機）と呼ばれる装置と、PCに接続した無線LAN子機との間で、無線を使って通信を行う方法です。無線LAN子機には、図のようなPCカード型のものやUSB型のものがありますが、最近のノートPCでは無線LANを標準で搭載しているものが多いようです。

図2.5 無線LANの利用イメージ

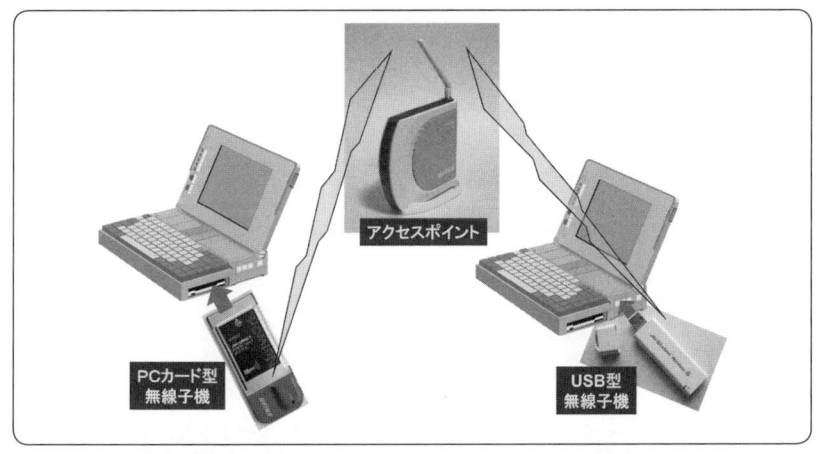

図2.5の写真参照先：株式会社バッファロー

　無線LANは、IEEE802.11として規格化されています。IEEE802.11の規格の中の代表的な種類としては、

　IEEE802.11b：通信速度11Mbps、無線の周波数2.4GHz、
　IEEE802.11a：通信速度54Mbps、無線の周波数5GHz、
　IEEE802.11g：通信速度54Mbps、無線の周波数2.4GHz、
　IEEE802.11n：通信速度600Mbps、無線の周波数2.4GHz、
といったものがあります（通信速度は最大値を表しています）。

　IEEE 802.11aとIEEE802.11bの規格に準拠した装置で、装置間の通信の互換性が認められたものを**Wi-Fi**（ワイファイ）と呼ぶことがあります。最近、駅、空港、ファーストフード店や新幹線の車内など人が集まる場所に、Wi-Fiの無線LANアクセスポイントが設置されことが多くなってきており、ノートPCや携帯端末をもっていると、その場所でインターネットを利用できるといったサービスも始まっています。

Hz（ヘルツ）とは、電波などの規則性のある波の数（周波数）を表す単位で、2.4GHzの場合は、1秒間に1周期の波が24億回あることを表しています。

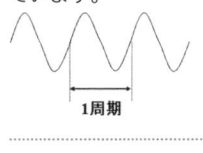

1周期

2.2 LANでの通信の仕組み

A カスケード接続

> ● ハブ同士をつなぎ、複数のLANをつなげることをカスケード接続という。

　ハブを使ったLAN（イーサネット）では、図2.6に示すように、各ハブにつながるLANを、さらに、ハブ同士をつなげることで、大きな範囲のLANを構築することができます。

　この接続方法は、**カスケード接続**（多段接続）とよばれる接続方法で、ハブには、カスケード接続をするための専用のカスケードポートがついているのが、一般的です。ただ、カスケード接続により、一つのLANにあまりたくさんのPCをつないでしまうと、LANの伝送路上を行き来するデータが多くなり、伝送路上でデータ同士が衝突して、通信に時間がかかてしまうといったことが起きる可能性があります。

> カスケード接続では、カスケード接続するハブの段数が増えると、衝突（コリジョン）よって通信の遅延が増大します。10BASE-Tで4段、100BASE-TXで2段までという制限があります。

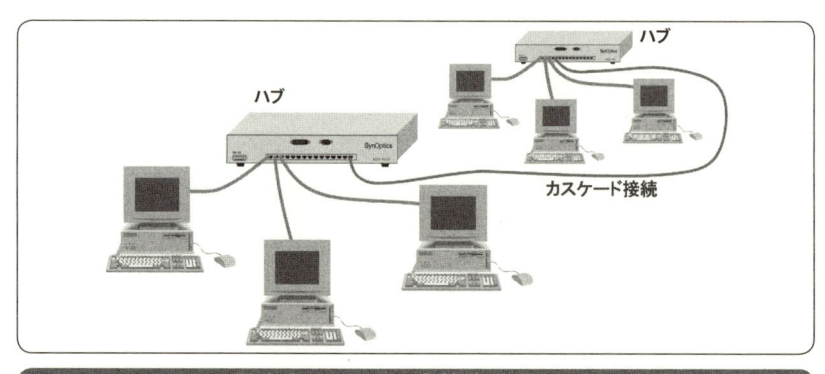

図2.6　カスケード接続のイメージ

B CSMA/CD方式

> ● イーサネットの通信方式は、**CSMA/CD方式**である。この方式はデータを転送するときにコリジョン（データの衝突）の発生を検出し、発生した場合は少し待って再送信を試みる方式である。

2.2 LAN での通信の仕組み

　LAN につながる PC が多いとデータ同士の衝突（**コリジョン**、Collision）がおこってしまうという現象は、実は、イーサネットの通信方式の特徴といえます。イーサネットは、**CSMA/CD**（Carrier Sense Multiple Access/Collision Detection）**方式**と呼ばれる通信方式をとっています。

　CSMA/CD 方式とは、データを転送するときにコリジョンが発生しないか検出し、発生していないときにはデータを送り出し、発生した場合は、少し時間をおいて再度通信を試みるといった方式です。したがって、LAN につながる PC の台数が多くなり、データの送信量が増えてくると頻繁に、コリジョンが発生するようになり、データ送信を待たされる時間が増大するといった結果になります。

　イーサネットを構成する LAN カードやハブには、実際に、コリジョンを検出する機能があります。図 2.7 に示すハブの写真に Col と書かれた LED ランプがついています。これが光った場合は、コリジョンが発生したことを示します。

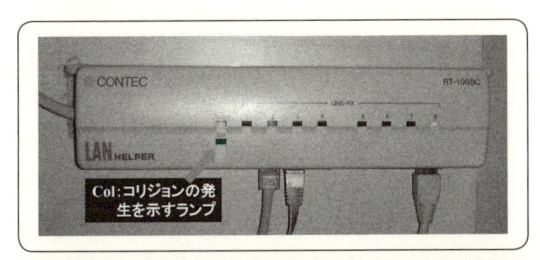

図 2.7 ハブのコリジョン示すランプ

図 2.7 の写真：CONTEC RT-1008C

C イーサネットと MAC アドレス

- イーサネットのデータは、イーサネットフレーム（MAC フレーム）という形式で転送され、あて先と送信先の MAC アドレスが付く。
- ハブは、データ（イーサネットフレーム）を単純に、つながっているすべての PC へ転送する。スイッチングハブは、MAC アドレステーブルを使って目的の PC だけに転送する。
- リピータは LAN 同士を単純につなぐ装置である。ブリッジは LAN 同士つなぎ、アドレスにより通信を制御する装置である。

●-① イーサネットフレームとMACアドレス

イーサネットのデータ転送では、データを**イーサネットフレーム**（MACフレーム）という形式で送ります。このフレームにはデータの長さ制限があり、最短が64バイトで、最長が1518バイトです。したがって、データの長さが1500バイト（データ以外の情報が18バイトあるため）よりも大きい場合は、複数のフレームに分けて転送します。

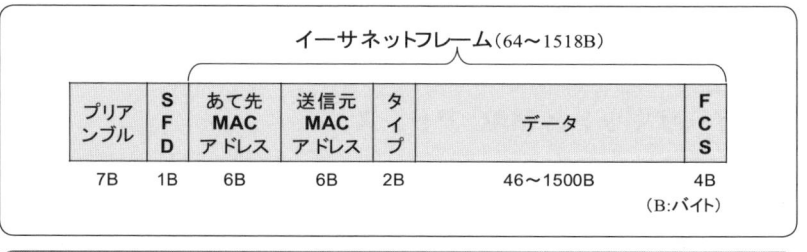

図2.8は、イーサネットフレームの形式を表しています。先頭の8ビットは、データ受信するPCに受信の準備をさせるための領域なので、イーサネットフレームの領域には入りません。イーサネットフレームの領域の中で、データ以外の情報としては、

あて先MACアドレス：あて先となるPC(LANカード)のアドレス
送信元MACアドレス：送信したPC（LANカード）のアドレス
タイプ：上位層のプロトコルの情報
FCS（Frame check sequence）：通信エラーを検出のための情報

があります。

イーサネットフレームを受け取ったPC（LANカード）は、自分のMACアドレスとイーサネットフレームに書かれたあて先MACアドレスが等しいかを確認し、等しい場合はデータを受信し、等しくない場合はデータを破棄します。

		あて先MACアドレス	送信元MACアドレス	タイプ	データ	FCS
プリアンブル	SFD					
7B	1B	6B	6B	2B	46～1500B	4B

イーサネットフレーム(64～1518B)　（B:バイト）

図2.8　イーサネットフレームの形式

●-② ハブとMACアドレス

ハブは、図2.9に示すように、PCから届いたデータ（イーサネットフレーム）を単純に、つながっているすべてのPCへ送信します。受け取った各PC（LANカード）は、そのデータのあて先MACアド

プリアンブルとSFDの8バイトは通信が開始することを伝える情報で、プリアンブルでは1と0の連続する「10101010」が7バイト分続き、その次には、通信が開始する印となるSFD（Start frame delimiter、スタート・フレーム・デリミタ）の「10101011」という1バイトが続きます。

タイプの「上位層のプロトコルの情報」とは、具体的にはIPやARPといったプロトコルの種類を示す情報で、IPv4は16進数0800、ARPは16進数0806という情報がタイプに記されます（IP、ARPについては、第3章で説明します）。

FCSには、あて先、送信元MACアドレスとタイプの値に対する誤り検出符号（CRC）を求めた値が記されます。

レスが自分のアドレスであるかを確認して、受け取るかどうかを判断します。

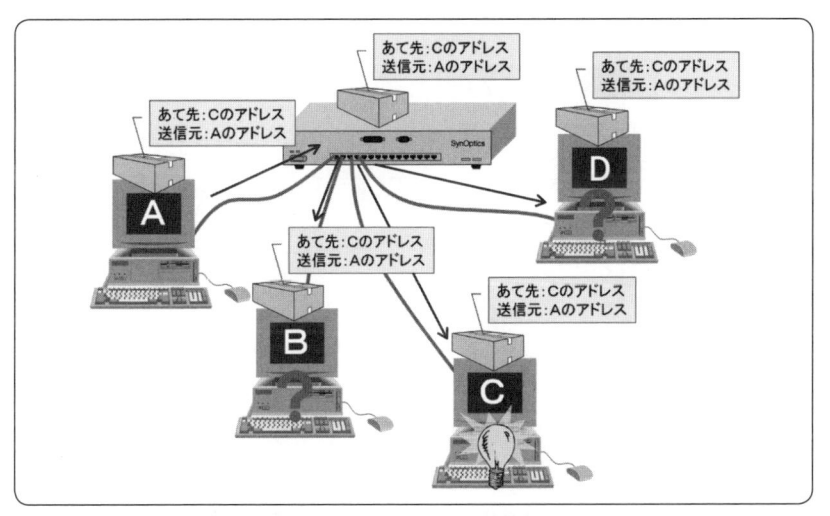

図2.9　ハブの通信方法のイメージ

　このように、ハブは、受け取ったデータをすべてのPCに垂れ流し的に転送するので、通信データが増加すると、コリジョンの発生が頻繁になっていきます。この垂れ流し的な転送を回避するために、最近ではスイッチングハブを使うことが一般的になってきました。

　スイッチングハブは、図2.10に示すように、各ポートにつながっているPCのMACアドレスを記録した**MACアドレステーブル**をもっています。したがって、データが届いたときも、そのデータのあて先MACアドレスを調べ、MACアドレステーブルより、一致するPCのつながっているポートにだけデータを流す仕組みとなっています。これによって、無駄なデータ転送が無くなるため、コリジョンの減少に役立ちます。

> スイッチングハブのことを、レイヤ2スイッチ（L2スイッチ）ということがあります。第4章で説明しますが、通信方式を七つの階層に分けたOSI参照モデルで、MACアドレスは第2階層（レイヤ2）に位置づけられるので、MACアドレスを認識するスイッチングハブは、レイヤ2スイッチと呼ばれます。

> スイッチングハブは、イーサネットフレームが送られると、その送信元MACアドレスの情報により、MACアドレスをMACアドレステーブルに記録していきます。この動作をラーニングといいます。

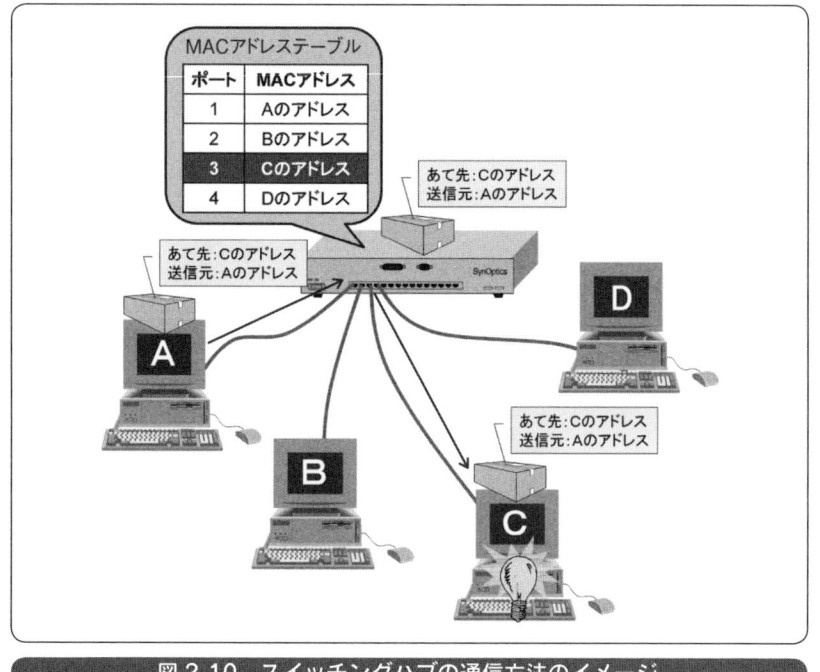

図2.10　スイッチングハブの通信方法のイメージ

ⓒ-③　その他の接続装置

　ハブと同じように、イーサネットを構築する装置としてリピータやブリッジがあります。**リピータ**は、図2.11に示すように、離れたLAN同士を中継してつなぐ装置です。リピータは、通信される信号を増幅して遠くまで送る機能を有しますが、信号を単純に送り出すだけの装置なので、相互のLANの通信方式が異なる場合、つなぐことはできません。

　ハブもリピータの一種であり、**リピータハブ**と呼ばれることがあります。事実、現在では、10BASE-T、100BASE-TXや1000BASE-Tのイーサネットが主流なので、リピータはハブのことを指す場合が多くなっています

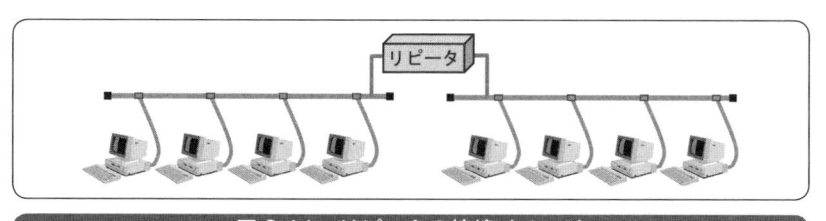

図2.11　リピータの接続イメージ

リピータは、通信方式を七つの階層に分けたOSI参照モデル（第4章で説明）で、第1層の物理的にネットワークを構築するための装置と位置づけられます。
ブリッジは、OSI参照モデルで、第2層のデータをリンクするための装置と位置づけられます。

ブリッジも、LAN同士を接続する装置ですが、リピータと違う点は、双方のアドレスを判断し、データを中継しするかどうかの判断を行うといった点です。したがって、スイッチングハブもブリッジの一種といえます。

　先にも述べたように、イーサネットは、10BASE-T、100BASE-TXや1000BASE-Tの方式で構築することが主流となっているので、リピータとハブの関係と同じように、ブリッジの役割は、スイッチングハブによって行われます。

この章のまとめ

1. LAN の多くはイーサネット（規格 IEEE 802.3）の方式で、10BASE-T、100BASE-TX や 1000BASE-T といった種類の規格がある。規格によってデータ転送速度やケーブルの種類などが異なる。

2. LAN は、RJ-45（ツイストペアーケーブル）などの LAN ケーブル、MAC アドレスにより識別する仕組みをもつ NIC（LAN カード）、LAN ケーブルをつなぐ複数のポートをもつハブにより構成される。

3. ネットワークのトポロジにはスター型、バス型とリング型があり、イーサネットはスター型とバス型で、10BASE-T、100BASE-TX や 1000BASE-T はスター型で構成される。

4. 無線 LAN は、アクセスポイント（無線 LAN 親機）と PC に接続した無線 LAN 子機との間で通信する。無線 LAN の規格には、IEEE 802.11a や IEEE802.11b などがあり、特にこの二つの規格での通信を WiFi と呼ぶ。

5. ハブ同士をつなぐことで、複数の LAN をつなぐことをカスケード接続という。

6. イーサネットの通信方式は、データを転送するときにコリジョンの発生を検出し、発生した場合は少し待って再送信をするという CSMA/CD 方式である。

7. イーサネットのデータは、イーサネットフレーム（MAC フレーム）という形式で転送され、あて先と送信先の MAC アドレスが付く。

8. ハブは、データ（イーサネットフレーム）を単純に、つながっているすべての PC へ転送する。スイッチングハブは、MAC アドレステーブルを使って目的の PC だけに転送する。

9. リピータは LAN 同士を単純につなぐ装置である。ブリッジは LAN 同士つなぎ、アドレスにより通信を制御する装置である。

練 習 問 題

問題1　LAN（イーサネット）の接続に利用する基本的な三つの部品とその特徴を簡単に説明しなさい。

問題2　イーサネット（規格 IEEE 802.3）の規格である 10BASE-T、100BASE-TX、1000BASE-T のそれぞれについて、簡単に特徴を説明しなさい。

問題3　WiFi と呼ばれる無線 LAN で利用される規格名を二つ述べなさい。

問題4　イーサネットの通信方式である CSMA/CD 方式について、簡単に説明でしなさい。

問題5　イーサネットフレームと MAC アドレスの関係を簡単に説明しなさい。

問題6　ハブとスイッチングハブの違いを簡単に説明しなさい。

第3章
インターネット通信の仕組み1
——IPアドレス

学生：学校のPC教室のPCがLANでつながっていることは分かったのですが…

学生：でも、学校のPCから外部のWebページやYouTubeが見れるということは、インターネットにもつながっているんですよね？

先生：また、いいところに気づいたね。そのとおりです。

学生：ということは、イーサネットとインターネットがつながっているということでしょうか？

先生：そうです。

先生：それでは、インターネットに接続する方法について説明しましょう。インターネットの通信方法は、重要な話なので、しっかりと学んでいきましょう。

学生：はーい！

この章で学ぶこと

1. グローバルアドレスとプライベートアドレスの意味について説明できる。
2. サブネットマスクとCIDR表記よりネットワークアドレスを求めることができる。
3. IPパケットとイーサネットフレーム及びそれらの関係を説明できる。
4. IPv6とIPv4の違いについて概説できる。

3.1 アドレスの仕組み

A　インターネットプロトコル

- 通信プロトコルは、通信を行う方法の取り決めのことであり、インターネットの通信プロトコルは、インターネットプロトコル（IP）という。
- IPアドレスは、インターネットに参加するPCを識別するためのもので、32ビットの符号で表される。

ⓐ-①　通信プロトコル

　第2章で、イーサネットのデータ通信では、データをイーサネットフレームという形式にして送り、その中にMACアドレスが記録されているので、間違いなく目的のPCと通信できるといった話を紹介しました。このように、通信には、その通信の方式が決まっており、この取り決めのことを**通信プロトコル**（一般には、**プロトコル**ということが多い）といいます。

　ここでは、イーサネットやイーサネット以外のネットワーク同士をつなぐための通信方式である**インターネットプロトコル**（IP：Internet Protocol）について紹介いたします。当然、この名の通り、この通信方式はインターネット接続に利用される方式です。

ⓐ-②　IPアドレス

　イーサネットでPC（LANカード）を識別するためにMACアドレスがあったように、インターネットプロトコルでもネットワークに参加するPCを識別するためにIPアドレスがあります。**IPアドレス**は、図3.1に示すように32ビット、すなわち4バイト（通信の分野では、バイトの単位を**オクテット**（Octet）ということが多い）の符号で表現されます。

　図3.1のIPアドレスの値は、2進数で「11001000 10101010 01000110 00010111」です。これを、そのまま2進数で表現すると人間にとって扱いづらいので、一般的には、1オクテット（1バイト）

通信プロトコルとは、通信を行うときの決まりの集まりで、データの形式だけではなく、通信の手順など、通信を行うときに決めておかなければならない規約集のようなものです。

インターネットプロトコルは、本来は、方式の異なるネットワーク間をつなぐ通信方式として誕生しました。

図3.1のIPアドレスの場合、アドレスの数は2^{32}、すなわち、最大で4,294,967,296、約43億個となります。世界中で利用するには数が少ないため、さらに大きなアドレスを使える新しいIPの規格であるIPv6ができあがっています。これに対して、現在の規格をIPv4といいます。

ごとを、10進数に変換して、それぞれをピリオド（.）で区切って、図の「200.170.70.23」というように表現します。したがって、1オクテット分の値は10進数の0～255の範囲となりますから、IPアドレスの範囲は、0.0.0.0～255.255.255.255となります。

```
【2進数】
              1 1 1 1 1 1 1 1 1 1 2 2 2 2 2 2 2 2 2 2 3 3
0 1 2 3 4 5 6 7 8 9 0 1 2 3 4 5 6 7 8 9 0 1 2 3 4 5 6 7 8 9 0 1
1 1 0 0 1 0 0 0 1 0 1 0 1 0 1 0 0 1 0 0 0 1 1 0 0 0 0 1 0 1 1 1

  第1オクテット    第2オクテット    第3オクテット    第4オクテット
      200             170              70              23
【10進数】
              200.170.70.23
```

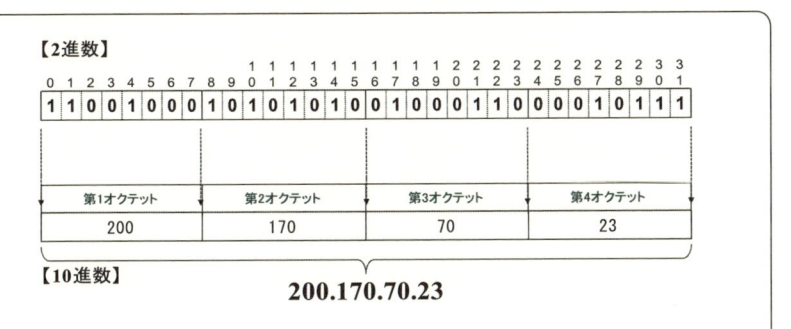

図3.1　IPアドレス例とその形式

本書でも、IPアドレスを表記する場合、基本的には、オクテット毎に10進数で表現した方法で表します。

B　IPアドレスの区分

- IPアドレスには、インターネットで通用するグローバルアドレスと社内などの限定した範囲で使うプライベートアドレスの二種類がある。
- IPアドレスの範囲をクラスA～Cの三つに区分するアドレスクラスという分類がある。

ⓑ-①　グローバルアドレスとプライベートアドレス

　IPアドレスには、IPアドレスが利用できる範囲によって、**グローバルアドレス（グローバルIPアドレス）** と **プライベートアドレス（プライベートIPアドレス）** の二つに分類されます。図3.2に示すように、組織内のネットワークの範囲で利用するIPアドレスが、プライベートアドレスで、インターネット（外のネットワーク）で利用されるIPアドレスが、グローバルアドレスです。

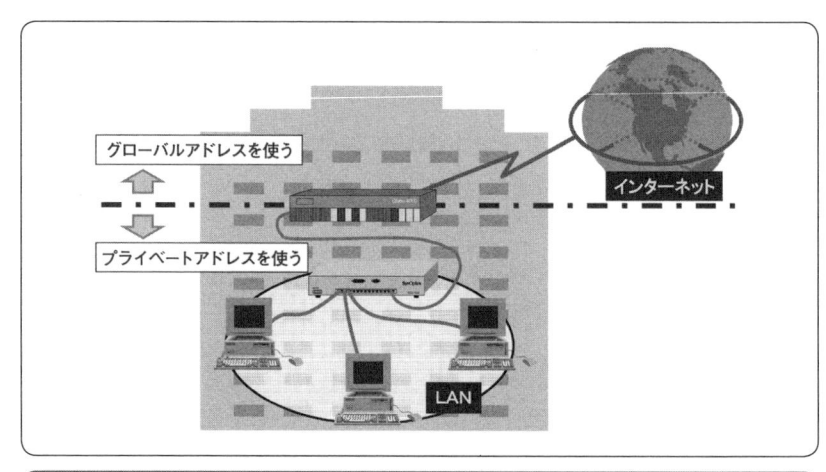

図3.2 グローバルアドレスとプライベートアドレスのイメージ

　プライベートアドレスとして利用できるIPアドレスは、表3.1の範囲に示した値と決まっています。したがって、企業内などに限定されたネットワークにつながる各PCにIPアドレスを割り振る場合は、表3.1に示されるアドレスを付ける規則となります。

表3.1 プライベートアドレスとして利用できるアドレス

クラス	範囲		アドレス数
クラスA	10.0.0.0	～ 10.255.255.255	16,777,216
クラスB	172.16.0.0	～ 172.16.255.255	65,536 × 16
	172.17.0.0	～ 172.17.255.255	
	⋮		
	172.31.0.0	～ 172.31.255.255	
クラスC	192.168.0.0	～ 192.168.0.255	256 × 256
	192.168.1.0	～ 192.168.1.255	
	⋮		
	192.168.255.0	～ 192.168.255.255	

　たとえば、企業内のPCの台数が200台以下であるならば、クラスCと書かれた欄にあるアドレスの範囲（たとえば、192.168.1.0～192.168.1.255の256個）の値を割り振るようにします。クラスCの欄にある各アドレスの範囲は、すべてが256個となっています。したがって、クラスCの欄には、256個のアドレスの範囲が、192.168.0.X、192.168.1.X、…、192.168.255.Xの256区分あるということになります（Xと表記した箇所は、0～255の値をとる）。

> 後で説明しますが、192.168.1.0～192.168.1.255の範囲のアドレスの内、最初192.168.1.0と最後の192.168.1.255は、特別な意味をもつので、PCに割り振ることはしません。したがって、この範囲で自由に割り振るアドレスの値は、256－2＝254となります。

グローバルアドレスは、表 3.1 に示されたプライベートアドレス以外の値が、すべてグローバルアドレスとなります。インターネットで通用するアドレスは、グローバルアドレスだけです。このグローバルアドレスは、**ICANN**（The Internet Corporation for Assigned Names and Numbers、アイキャン）という 1998 年に設立された民間の非営利法人が管理しているので、勝手に使うことはできません。プライベートアドレスは、外部に出ることがないので、届けることなく、自由に使えます。

ⓑ-② アドレスクラスによる分類

　表 3.1 は、クラス A、クラス B、クラス C というように分類されていました。これは**アドレスクラス**といわれる IP アドレスの範囲を表す分類方法で、第 1 〜第 3 までのオクテットの区分を使って分類しています。

- **クラス A**：第 1 オクテットの値だけを固定したアドレスの範囲。たとえば、10.X.X.X というように、第 1 オクテットの値だけが固定され、それ以外の 3 区分は、それぞれに 0 〜 255 の値をとることができるので、その範囲に入るアドレスの数は 16,777,216 個となります。
- **クラス B**：第 1 と第 2 オクテットの値を固定したアドレスの範囲。たとえば、172.16.X.X というように、第 1 と第 2 オクテットの値だけが固定され、それ以外の 2 区分は、それぞれに 0 〜 255 の値をとることができるので、その範囲に入るアドレスの数は 65,536 個となります。
- **クラス C**：第 4 オクテット以外の値をすべて固定したアドレスの範囲。たとえば、192.168.2.X というように、第 1 〜第 3 オクテットの値が固定され、第 4 オクテットの区分だけが 0 〜 255 の値をとることができるので、その範囲に入るアドレスの数は 256 個となります。

> 日本では、ICANN の下部組織である、日本ネットワークインフォメーションセンター（通称：JPNIC）がグローバルアドレスを管理しています。
>
> $256^3 = 16777216$
>
> $256^2 = 65536$

C　ネットワークアドレスとホストアドレス

- ネットワークアドレスによって、同じネットワークに属するアドレスかを判断でき、ホストアドレスによって、そのネットワーク内での識別ができる。
- ネットワークアドレスの範囲を表記する方法に、サブネットマスクとCIDR（Classless Inter-Domain Routing、サイダ）がある。
- 同じネットワーク（サブネットワーク）に一斉にデータ転送するためのアドレスをブロードキャストアドレスという。

C-①　ネットワークアドレスとホストアドレス

　先に、企業内のPCに、クラスCの192.168.1.0〜192.168.1.255の範囲のアドレスを割り振る例をお話ししました。このとき、PCに割り振られるアドレスは、当然ながら第1〜第3オクテットまでは、固定の値「192.168.1」で、残りの第4オクテットだけが0〜255と変化します。

　ということは、この企業内のアドレスであるかどうかは、第1〜3オクテットまでの値（192.168.1）によって判断することができます。このように固定部分の値で、同じネットワークに属するアドレスかどうかを判断できるので、この値を**ネットワークアドレス**といい、それ以外の部分は、そのネットワーク内のPCを区別するために利用する値となるので、**ホストアドレス**といいます。また、ネットワークアドレスの部分を**ネットワーク部**（ネットワークアドレス部）、ホストアドレスの部分を**ホスト部**（ホストアドレス部）といいます。

クラスCの場合：192 . 168 . 1 . 100
　　　　　　　　　ネットワーク部　ホスト部

　上記の例はクラスCの場合であり、クラスAやクラスBの場合は、クラスAが第1オクテットの部分、クラスBが第1、第2オクテットの部分がネットワーク部となります。

C-②　サブネットマスク

　ところで、インターネットを利用している世界中の組織にグローバルアドレスを、クラスA、クラスBやクラスCといった大きな区分

クラスAの場合：
10 . 200 . 50 . 123
ネット　　ホスト部
ワーク部

クラスBの場合：
172 . 18 . 130 . 234
　ネット　　　ホスト部
　ワーク部

単位で割り振ってしまうとIPアドレスの数が足りなくなってしまいます（**IPアドレス枯渇問題**）。そこで、もう少し細かな区分でIPアドレスの範囲を区切る方法が考え出されました。それが、**サブネットマスク**と**CIDR**（Classless Inter-Domain Routing、サイダ）表記と呼ばれる方法です。

IPアドレスの他にサブネットマスクという値を決めておくことで、図3.3に示すように、ネットワークアドレスを算出することができます。すなわち、IPアドレスが200.170.70.23でサブネットマスクが255.255.2555.240の場合、それぞれの2進数は図のようになります。図から分かるように、サブネットマスクは、連続する1と連続する0から構成される値となっています。すなわち、連続する1の数がネットワーク部のビット数を表し、連続する0の数がホスト部のビット数を表します。

サブネットマスクのこの表記により、ネットワーク部をオクテット（バイト）単位の区切りではなく、ビット単位で区切ることができます。この図のネットワーク（サブネット）場合、ホスト部の大きさが4ビットなので、このネットワークに含まれるIPアドレスの数は16個となります。

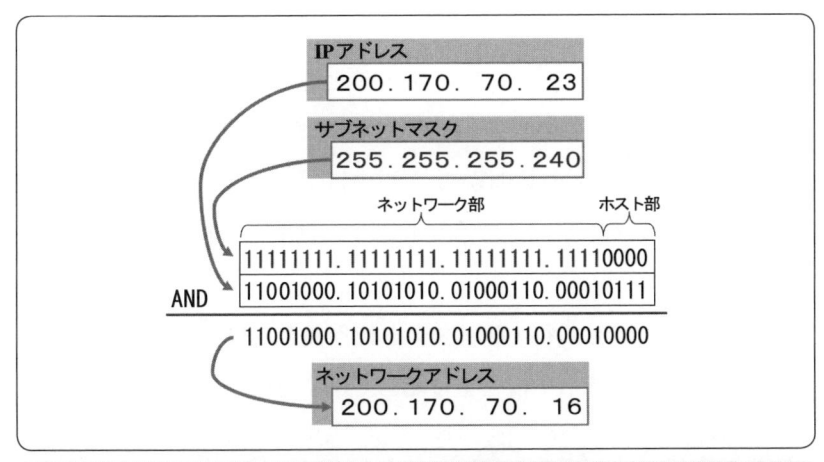

図3.3 サブネットマスクとネットワークアドレス

図3.3に示すように、サブネットマスクとIPアドレスに対して、ビット毎のAND（論理和）演算を行うことで、ネットワークアドレス

（11001000 10101010 01000110 00010000）を求めることができます。また、このネットワークのIPアドレスの範囲は、このネットワークアドレスである下位4ビットがすべて0のものから、下位4ビットがすべて1のアドレスまで、すなわち、

11001000.10101010.01000110.00010000（200.170.70.16）
〜
11001000.10101010.01000110.00011111（200.170.70.31）

の16個であることが分かります。

❸-③ サブネットワークとブロードキャストアドレス

図3.3に示す計算によって求められるネットワークアドレスが、同じになるアドレスによって構成されるネットワークのことを**サブネットワーク**といいます。サブネットワークに属するIPアドレスの内、先頭のアドレスがそのサブネットワークを代表するネットワークアドレスであり、最後のアドレスが**ブロードキャストアドレス**[注3-1]であります。ブロードキャストアドレスは、そのアドレス宛にデータを転送すると、サブネットワークに属するすべてのPCにそのデータを届けることのできるアドレスです。

先の例では、ネットワークアドレスが200.170.70.16で、ブロードキャストアドレスが200.170.70.31となります。この二つのアドレスは、特別な意味をもつため、PCに割り振ることをしません。したがって、PCに割り振ることのできるIPアドレスの数は、サブネットワークに属するIPアドレスの範囲から、ネットワークアドレスとブロードキャストアドレスを除いた数となります。例では、16－2で14個となります。

CIDR表記は、サブネットマスクを使う代わりに、ネットワーク部の長さをビット数で示す情報を付記して示す方法です。たとえば、

$$\underbrace{200.170.70.16}_{\text{IPアドレス}} / \underbrace{28}_{\text{プレフィックス長}}$$

というように、IPアドレスの後にスラッシュ記号を付け、その後にネットワーク部の長さをビット数（これを**プレフィックス長**という）を記述します。この例では、ネットワーク部の長さが28ビットで、残りの4ビットがホスト部の長さになります。

注3-1：ブロードキャストアドレスのことを**ディレクティッドブロードキャストアドレス**ということがあります。ブロードキャストアドレスには、この他に255.255.255.255というすべてのビットが1の**リミテッドブロードキャストアドレス**があります。これは、ルータ（第4章で紹介）と呼ばれるネットワークをつなぐ装置を超えない範囲のネットワークすべてのPCに送信されます。

サブネットマスクによりネットワーク部の長さを可変に変更する方法を、**可変長サブネットマスク**（VLSM：Variable-Length Subnet Masking）といいます。この方法はCIDRのプレフィックス長と同じ情報を異なる形式で表したものです。

プレフィックス（Prefix）とは、「接頭辞」の意味で、前に付けるものを表す言葉です。したがって、この場合は、IPアドレスの先頭部分の箇所であるネットワーク部を表します。

3.2 IP の通信方法

A　IP パケットと IP ヘッダ

● IP でのデータの形式を IP パケットといい、そのデータに付ける送信元やあて先などの通信制御の情報を IP ヘッダという。

　IP、すなわちインターネットプロトコルでも、イーサネットのときと同じように、データを図 3.4 に示すような **IP パケット**と呼ばれる単位でデータが通信されます。IP パケットには、通信するデータの前に **IP ヘッダ**と呼ばれる、あて先や送信元などの通信を制御するための情報が付けられます。

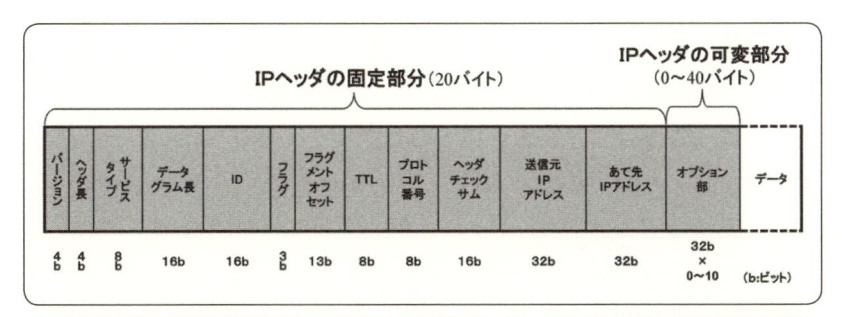

図 3.4　IP パケットの形式

　IP ヘッダには、図 3.4 に示すように、固定の長さの部分と可変の長さの部分があり、固定部分は 20 バイトで、可変部分は 0 バイト、4 バイト、8 バイト、…、40 バイトのいずれかの長さなので、IP ヘッダの大きさは最小で 20 バイト、最大で 60 バイトとなります。IP ヘッダの固定部分の代表的な情報としては、次のようなものがあります。

　　バージョン：IP の形式のバージョン番号で、現在利用されているのは IPv4 と IPv6 なので、4（0100）または 6（0110）の値

　　ヘッダ長：IP ヘッダの長さを、4 バイトを単位とした長さを倍数で示す 0〜15 の値

　　データグラム長：IP パケットの長さを示す、バイト単位の値（この値の最大値は 64k（$2^{16}-1=65,535$））

サービスタイプ：IP パケットの通信に関する優先度を表す値。ただし、現在は使われていない。

ID：分割されたパケットに統一的に付けられる番号

フラグ：分割されたパケットが次に続くかを示す情報と、このパケットをさらに分割できるかを示す情報

フラグメントオフセット：分割されたパケットの前の位置を表す情報

第3章 ●──インターネット通信の仕組み1─IPアドレス

> TTL：パケットの寿命（パケットが届かないまま永遠に伝送路をさまようことを避けるために、消滅するまでの時間）
>
> プロトコル番号：後で説明するICMP、TCP、UDPといった上位プロトコルの情報で、それぞれに1、6、17といった番号が符番されている
>
> ヘッダチェックサム：IPヘッダの情報に誤りがないかを算出するための値

ID、フラグ、フラグメントオフセット：一つのIPパケットが複数に分割されることがあり、分割されたIPパケットを元の状態に戻すための情報

プロトコル番号：上位のプロトコルの種類を番号で表した値

送信元IPアドレス、あて先IPアドレス：送信元とあて先を特定するためのIPアドレス

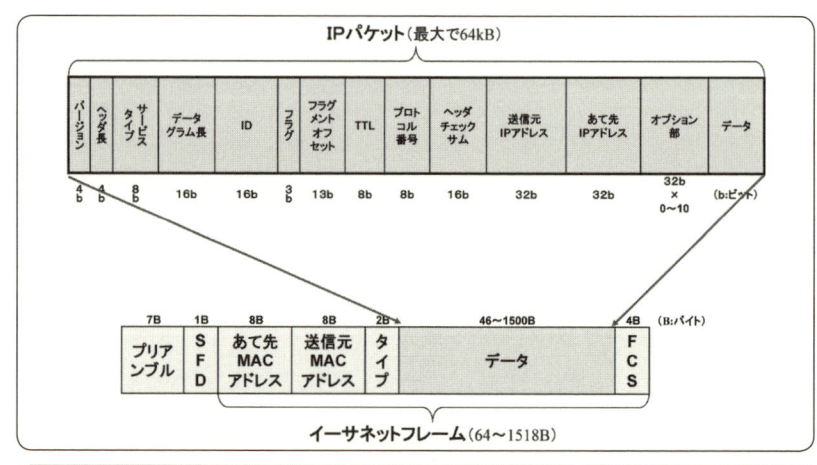

B IPパケットとイーサネットフレーム

● **IPパケットを通信する場合、LAN内ではIPパケットがイーサネットフレームのデータの中に格納されて通信される。**

　PCがIPアドレスを使って通信する場合、LAN内ではイーサネットを使って通信されます。その場合、IPパケットは図3.5に示すように、IPパケットがイーサネットフレームのデータの中に格納されて通信されることになります。このとき、イーサネットフレームのデータの最大長が1500バイトなので、その長さを超えるIPパケットは送ることができません。

図3.5　IPパケットとイーサネットフレームの関係

> 一度に送信することのできるデータの最大長をMTU（Maximum Transmission Unit）といいます。イーサネットのMTUは1500バイトで、光ファイバを使った通信であるFDDIのMTUは4352バイトです。

このような場合、IPパケットのデータ部分をイーサネットフレームに格納できるサイズに分割して、分割したデータにIPヘッダを付けて、新たなIPパケットを幾つか作り、イーサネットフレームに格

納します。このようにIPパケットを分割することを、**IPフラグメンテーション**（IP fragmentation）といいます。

fragmentは、「かけら」や「断片」といった意味の単語です。

C　IPアドレスとMACアドレス

> ● IPパケットをイーサネットフレームに格納して通信する場合に、MACアドレスを調べるために利用されるプロトコルがARPである。

MACアドレスのブロードキャストアドレスの番号には、ff.ff.ff.ff.ff.ffが使われます。

　IPアドレス間で通信をするときには、IPパケットのIPヘッダに送信元とあて先IPアドレスを書くことで通信することができます。しかし、IPパケットをイーサネットを通じて通信する場合には、イーサネットフレームに送信元とあて先とのMACアドレスを記載する必要があります。このとき、あて先のMACアドレスが不明な場合には、通信ができなくなってしまいます。

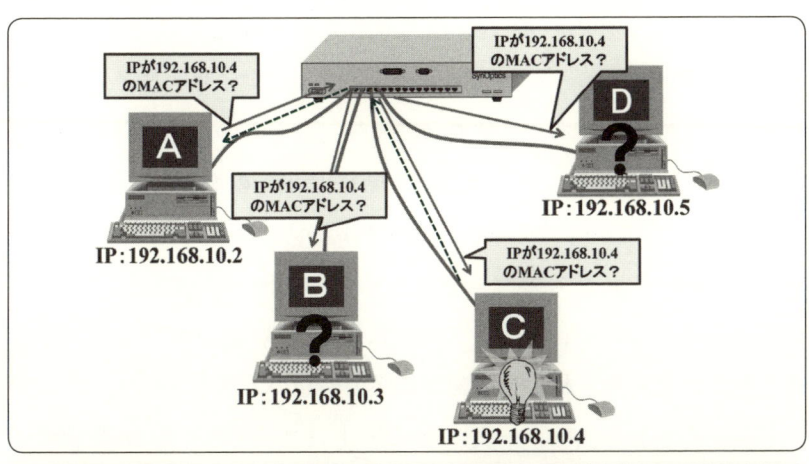

図3.6　ARPによる問い合わせのイメージ

受け取ったARPのパケットを送り返すときには、パケットの送信元に自分のIPアドレスとMACアドレスを記録し、あて先には送ってきたパケットの送信元に書かれたIPアドレスとMACアドレスを記録して送ります。

　このような場合に、あて先のMACアドレスを調べるためのプロトコルに**ARP**（Address Resolution Protocol、アープ）があります。ARPは、ブロードキャストアドレスを使って、図3.6に示すように、サブネットワーク内にあるすべてのPC（**ノード**ともいう）に対して、あて先のIPアドレスを送ります。ARPのパケットを受け取ったPCで、書かれたあて先のIPアドレスが一致したPCは、そのパケット

ARPの逆の目的でMACアドレスからIPアドレスを調べるプロトコルにRARP（Reverse ARP）があります。ただ、この目的の場合、DHCP（後の章で紹介）などのプロトコルを使うのが一般的です。

に自分の MAC アドレスを記録して、送信元の PC へ戻します。それ以外の PC は、受け取った ARP パケットを破棄します。

これにより、送信元の PC は、あて先の PC の MAC アドレスを知ることができます。このとき、ARP のパケットをやり取りした PC では、今後の通信のために、それぞれの IP アドレスと MAC アドレスとを **ARP テーブル** 呼ばれる表に記憶します。この ARP テーブルはそれぞれの PC の OS が管理しています。

> IP アドレスと MAC アドレスの対応関係は変更される可能性があるので、ARP テーブルは、定期的（たとえば 10 分）に情報をリフレッシュします。

D IPv6

> ● 現在普及している IPv4 の大きさ 32 ビットに対して、IPv6 の IP アドレスは、128 ビットである。

ネットワークアドレスと CIDR 表記の説明で、IP アドレス枯渇問題の話しをしました。現在の 32 ビット（4 バイト）の IP アドレスでは、そのアドレスの総数（約 43 億個）を増やすことはできません。そこで、**IPv6**（Internet Protocol Version 6、アイピーブイ 6）という新しい規格ができあがっており、今後、こちらの規格に移行して行きます。IPv6 に対して、現在の規格は **IPv4**（Internet Protocol Version 4、アイピーブイ 4）といいます。

IPv6 の IP アドレスの大きさは、128 ビット（16 バイト、IPv4 の 4 倍の長さ）なので、アドレスの数は約 340 澗（340 兆 × 1 兆 × 1 兆の大きさ）であり、枯渇を心配する必要のない大きさといえます。IP アドレスの表記方法は、一般に 16 ビット（2 バイト）を 16 進数の 4 桁で表記し、それをコロン（:）で区切って表記きます。たとえば、

　　　2001:0db8:1000:0200:0030:0004:0000:0abc

といったように、16 進数 4 桁の 8 個をコロンでつないで記述します。また、各 16 進数 4 桁の先頭にある 0 を省略（zero suppress、ゼロサプレス）して、

　　　2001:db8:1000:200:30:4:0:abc

というように記述することもあります。

このアドレスにもネットワーク部（ネットワーク・プレフィックス

> IPv 6 の IP アドレスの数は、128 ビットなので 2^{128} 個、すなわち、340,282,366,920,938,463,463,374,607,431,768,211,456 個となります。

> 2001:0db8:0120:0000:0000:0000:0000:0abc という IP アドレスのように、0 が連続している場合は、2001:db8:120::abc というように、「::」により区切りも含めて、省略して記述することができます。

> IPv6 も IP パケットとして送信されるので、パケットの先頭には IP ヘッダが付けられます。この IP ヘッダは IPv4 のものとは形式が若干異なり、また、IP アドレスのサイズも大きいので、IP ヘッダの大きさは 40 バイトとなります。

ともいう）とホスト部（インタフェースIDともいう）の区分があり、たとえば、2001:db8:1000:200:30:4:0:abc の上位 32 ビット（2001:db 8）がネットワーク部の場合、
　　　2001:db8:1000:200:30:4:0:abc/32
というように記述します。

この章のまとめ

1. 通信プロトコルは、通信を行う方法の取り決めのことであり、インターネットの通信プロトコルは、インターネットプロトコル（IP）という。

2. IPアドレスは、インターネットに参加するPCを識別するための符号で、32ビット（IPv4）で表される。普及しているIPv4に対して、新しい規格のIPv6は、IPアドレスの大きさが128ビットである。

3. IPアドレスには、インターネットで通用するグローバルアドレスと社内などの限定した範囲で使うプライベートアドレスの二種類がある。

4. IPアドレスの範囲をクラスA～Cの三つに区分するアドレスクラスという分類がある。さらに細かく区分するための方法に、サブネットマスクとCIDRがある。

5. ネットワークアドレスによって、同じネットワーク（サブネットワーク）に属するアドレスかを判断でき、ホストアドレスによって、そのネットワーク内での識別ができる。サブネットワークに一斉にデータ転送するためのアドレスをブロードキャストアドレスという。

6. IPでのデータの形式をIPパケットといい、そのデータに付ける送信元やあて先IPアドレスなどの通信制御の情報をIPヘッダという。

7. IPパケットをLAN内で通信する場合、IPパケットがイーサネットフレームの中に格納されて通信される。このとき、あて先のMACアドレスを調べる必要があり、このためのプロトコルがARPである。

練 習 問 題

問題1　2進数のIPアドレスの値「11001000 10101010 01000110 00011001」を、オクテットごとに区切った10進数に変換しなさい。

問題2　グローバルアドレスとプライベートアドレスの意味について、それぞれ簡単に説明しなさい。

問題3　アドレスクラスで、第1オクテットの値を固定したアドレス区分、及び、第4オクテット以外の値をすべて固定したアドレス区分について、それぞれの区分の名称を述べなさい。

問題4　クラスBのネットワーク部とホスト部のそれぞれのビット数を答えなさい。

問題5　IPアドレスが200.170.70.32～200.170.70.63の範囲のサブネットワークについて、そのサブネットマスクを求めなさい。また、このサブネットワークをCIDR表記で示しなさい。

問題6　IPパケットをLAN（イーサネット）内で送信する場合、IPパケットを格納するデータ形式の名称、そのデータ形式を送信するときに必要となるアドレスの名称、及び、そのアドレスを調べるためのプロトコルの名称を述べなさい。

問題7　IPv6のアドレスの大きさ（アドレス長）は何ビットであるかを答えなさい。また、IPv4のアドレス長の何倍かを答えなさい。

第4章
インターネット通信の仕組み2
──ルーティング

学生：IPアドレスって、結構、難しい話だったですね。でも、何とか分かった気がします。

先生：それはよかった…（ちょっと心配）
今日のネットワークの事を知るためには、IPアドレスの話は絶対必要だから、確実に理解できるように復習しておいてください！

先生：それでは、IPアドレスを使ったネットワークの仕組みについての学習をはじめましょう。

学生：はい、頑張ってみます…
でも、まだ続きがあるんですか？

先生：そうです。
今回の学習が済むと、世界中のネットワークがどうしてつながっているのかが分かりますよ。

学生：すごい！
それなら、本当に頑張ります。

この章で学ぶこと

1. ルータがネットワーク間の通信を行う仕組みを概説できる。
2. ルーティングテーブルを使ったルーティングの仕組みを概説できる。
3. NATによるIPアドレス変換方法と用途ついて説明できる。

第4章　インターネット通信の仕組み2―ルーティング

4.1　ルータ

A　ルータの基本的な仕組み

> ● ルータはIPパケットに書かれたIPアドレスを解釈して、つながっているネットワークアドレスの異なるネットワーク間で、IPパケットが適切な場所に届くように通信を制御する装置である。

IPアドレスを使って通信を行う装置に**ルータ**と呼ばれる装置があります。図4.1はルータの写真です。左の装置が家庭でインターネットに接続するときに使われるルータの写真例で、右の装置が会社などの組織で本社と支社間での通信やプロバイダ（ISP）に接続するときに使われるルータの写真例です。

図4.1の左のルータはブロードバンドルータと呼ばれる種類です。図の右のルータはエッジルータ、センタールータなどと呼ばれる種類です（センタールータの方が大規模）。さらに、大きな規模のものに、コアルータと呼ばれる種類もあります。

図4.1 左写真の参照先：株式会社バッファロー
図4.1 右写真の参照先：ジュニパーネットワークス株式会社

図4.1　家庭用ルータ（左）と企業用ルータ（右）の写真例

ルータはIPアドレスを解釈して通信を制御する装置です。たとえば、図4.2に示すように、

・LAN-a：ネットワークアドレス 192.168.10.0/24
・LAN-b：ネットワークアドレス 192.168.20.0/24

の二つのLANをルータでつないだ場合を考えてみます。ルータは、複数のネットワークをつなぐために幾つかのインタフェース[注4-1]をもっており、このインタフェースを使ってネットワークをつなぎます。

図4.2に示すように、ルータの各インタフェースには、それぞれにIPアドレスを割り振ることができます。それぞれのインタフェース

注4-1：ここでのインタフェースとは、RJ-45などのネットワークをつなぐコネクタとその機能を含めた用語として使っています。

には、それにつながっているネットワークと同じネットワークアドレスをもつIPアドレスを割り振ります。図では、

- インタフェース1：192.168.10.1/24（LAN-aのネットワークアドレス）
- インタフェース2：192.168.20.1/24（LAN-bのネットワークアドレス）

というIPアドレスが割り振られています。これによって、それぞれのインタフェースが、それぞれのネットワークに参加できます。

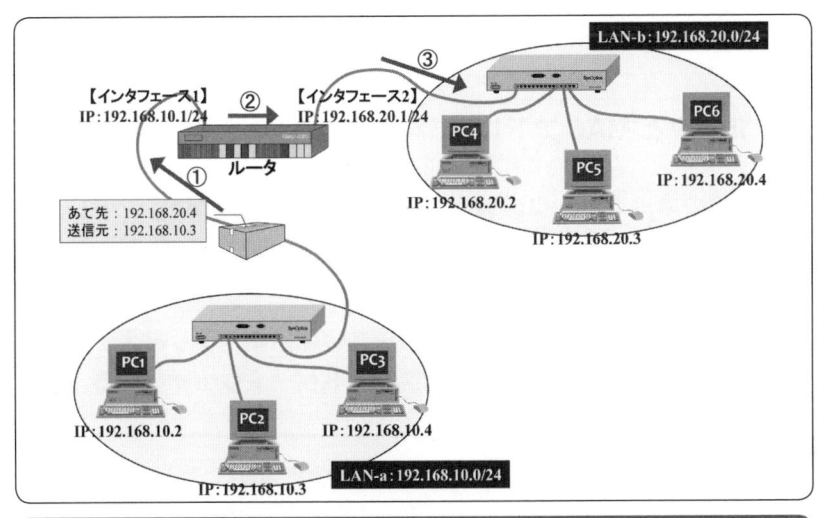

図4.2 ルータの基本的な通信制御の仕組み

図4.2に示すように、LAN-aのPC2（ホスト[注4-2]）からLAN-bのPC6に対する、

- あて先IPアドレス：192.168.20.4（LAN-bのPC6）
- 送信元IPアドレス：192.168.10.3（LAN-aのPC2）

というのIPパケットによる通信の流れは次のようになります。

① このIPパケットが送信元のホスト（LAN-aのPC2）から送り出されると、ハブを通ってルータのインタフェース1に到着します。

② ルータは、インタフェース1に到着したIPパケットのあて先IPアドレスを確認します。このあて先IPアドレス192.168.20.4は、LAN-bのネットワークアドレスと一致するので、ルータはインタフェース2にIPパケットを送ります。

注4-2：IPによるネットワークの話をする場合、ネットワークの通信に参加する装置のことをホストと呼ぶことが多いようです。

第4章　インターネット通信の仕組み2―ルーティング

　もし、IPパケットのあて先IPアドレスが192.168.10.4というように LAN-a のネットワークアドレスであれば、ルータは通信をせず、そのIPパケットを破棄します。

③　ルータは、インタフェース2を通じてIPパケットをLAN-bに流します。これにより、IPパケットは、ハブを通って、目的のホストである192.168.20.4のPC6に到着します。

　このように、ルータはIPパケットに書かれたIPアドレスを解釈して、つながっているネットワークの中の適切な場所にIPパケットが届くように、通信を制御する装置です。

B　ルータとMACアドレス

- 外部のネットワークに通信するとき、あて先のMACアドレスが分からないので、まずはルータのMACアドレスを使ってルータに送る。
- 自分のネットワーク内にあて先がない場合に、とりあえずルータなどに送るという設定をデフォルトゲートウェイという。

　先の図4.2でIPパケットによる通信の流れを示しましたが、LANの中では、第3章で学習したようにIPパケットはイーサネットフレームに包含された形式で通信が行われます（図3.5参照）。図4.3は、IP

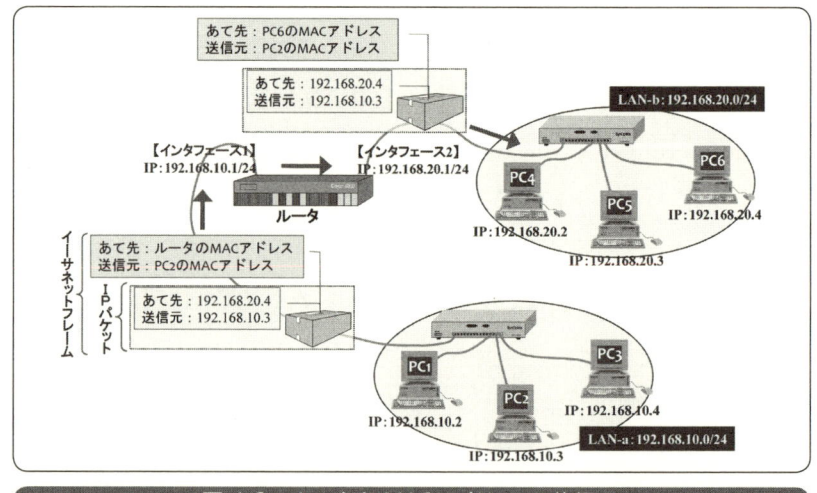

図4.3　ルータとMACアドレスの仕組み

パケットを包むイーサネットフレームとルータの関係を示したものです。

　図4.3の送信元ホストであるPC2（IPアドレス：192.168.10.3）が、例えば、LAN-aの自分のネットワーク内に通信する場合なら、送り先のIPアドレスが分かっていればプロトコルのARPによって、そのMACアドレスを求めることができました。しかし、送り先が図のように、LAN-bといった外のネットワークの場合、MACアドレスを求めることができません[注4-3]。

　したがって、送信元ホストであるPC2（IPアドレス：192.168.10.3）が、外のネットワーク内に通信する場合、あて先のMACアドレスが分からないので、このような場合には、図4.3に示すように、あて先のアドレスにルータのMACアドレス[注4-4]を書いて送ります。これにより、イーサネットフレームはルータに届きます。

　ルータは、LAN-bのネットワークに参加できるので、MACアドレスを知ることができます。したがって、ルータからLAN-bのPC6に送る場合には、イーサネットフレームのあて先のMACアドレスを、自分のMACアドレスから実際のあて先ホストであるPC6のMACアドレスに書き換えて送信します。このことにより、MACアドレスを含めて、異なるネットワーク間（ネットワークアドレスの異なるネットワーク間）で通信を行うことができます。

　ところで、自分のネットワーク内にあて先がない場合に、とりあえずルータに送るという仕組みは、**デフォルトゲートウェイ**と呼ばれる設定方法により実現されます。デフォルトゲートウェイとは、あるPC（ホスト）が直接アクセスできる範囲にあるルータやPCで、外のネットワークと通信を行うときの出入口となるものを指します。図4.3では、ルータがデフォルトゲートウェイとなります。図4.4は、PCのOS（Windows Vistaの例）でのネットワークの設定画面です。この画面にデフォルトゲートウェイの設定箇所があることが分かります。デフォルトゲートウェイの設定は、IPアドレスの値で行います。

注4-3：ARPは、ブロードキャストアドレスを使って通信する方法なので、ネットワークアドレスが異なるネットワークに通信することができないからです。

注4-4：ルータもMACアドレスをもっています。

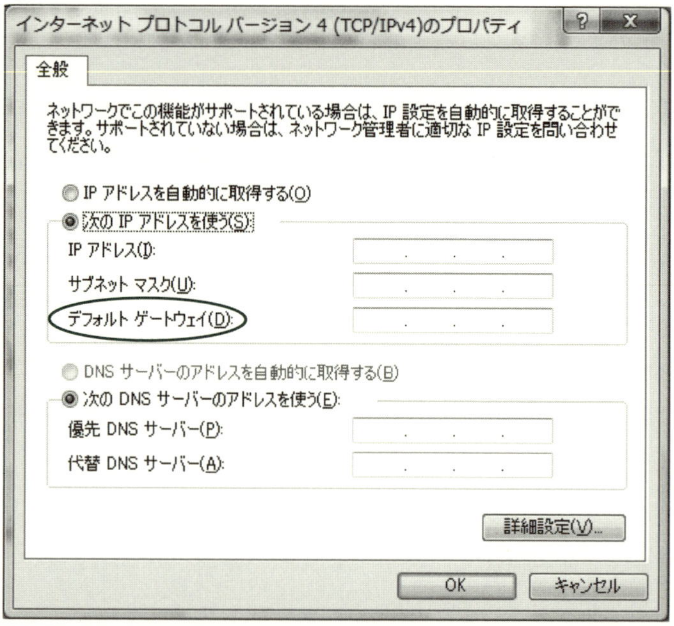

第4章 ●―――インターネット通信の仕組み2―ルーティング

図4.4 デフォルトゲートウェイの設定画面例

4.2 ルーティング

A ルーティングテーブル

- ルータは送信経路を選択するためのルーティングテーブルという情報をもっている。
- ルーティングテーブルには、ネットワークアドレス、ネクストホップ、インタフェースという情報が関連づけて記されている。

　インターネットや企業などの大規模なネットワークでは、たくさんのルータにより、たくさんのネットワークとつないでいます。したがって、各ルータは、つながっている全てのネットワーク内で、データを適切に通信する必要があります。このとき、全てのつながっているネットワークの中で目的のホストまでデータを届けるために、適切な経路を選択しながら通信を制御することを**ルーティング**（**IPルーティング**）といいます。

複数のネットワークが複数のルータによりつなげられた状態で、正しく通信するために、ルータは送信経路を選択するための**ルーティングテーブル**という情報をもっています。図4.5にルーティングテーブルの簡単な例を示しています。

図4.5では、三つのルータにより三つのネットワークがつながっています。この接続の状態をルータ1の場合は、図に示すルーティングテーブルによって記録しています。ルーティングテーブルには、ネットワークアドレス、ネクストホップ、インタフェースといった情報が記されています。図のルーティングテーブルは、上の行から順に、次のような意味をもっています。

- ルータ1のインタフェース1には、ネットワークアドレスが192.168.10.0/24のネットワーク（LAN-a）がつながっています。
- ルータ1のインタフェース2には、ネットワークアドレスが192.168.20.0/24のネットワーク（LAN-b）がつながっています。
- ルータ1のインタフェース2につながっているIPアドレスが192.168.20.253/24のルータには、その先にネットワークアドレスが192.168.30.0/24のネットワーク（LAN-c）がつながっています。

ルータは、それがもつルーティングテーブルを使って、適切にデータを送信するための経路を判断します。

ネクストホップとは、そのルータに直接つながっているルータの先にあるネットワークにデータを送信する場合の最初に送信するルータのIPアドレスのことです。

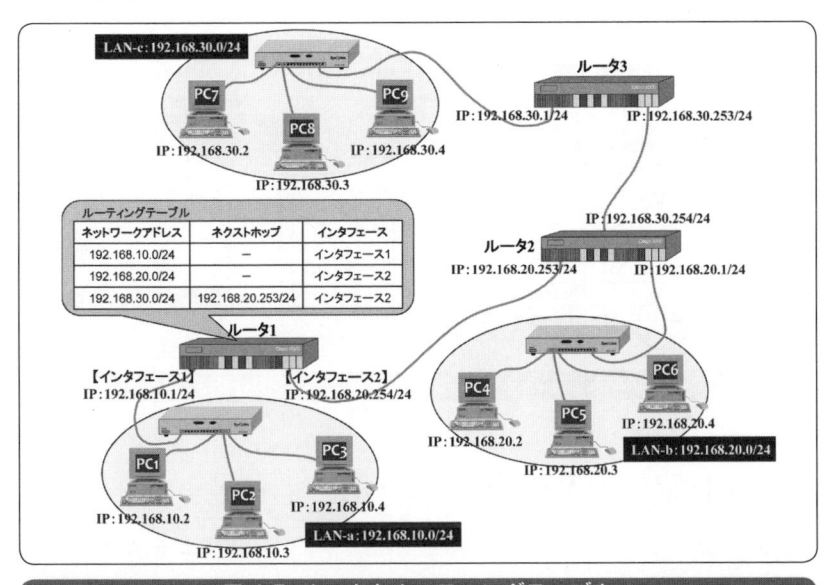

図4.5 ルータとルーティングテーブル

第4章 ● インターネット通信の仕組み2—ルーティング

B ルーティングプロトコル

- 直接つながっていないネットワークの情報を知るために、ルータ同士で情報交換を行うRIPというプロトコルがある。
- 目的地まで行く通信経路はネットワーク上に複数あることが多いので、ルータは目的のネットワークまでの距離を表すメトリックという情報をもち、近い経路に送る。

図4.5のルータ1は、ネットワークアドレスが192.168.30.0/24のネットワーク（LAN-c）には直接つながっていないので、ルータ1が単独でその情報を得ることはできません。そのためには、直接つながっていないネットワークの情報を知るために、ルータ同士で情報交換を行う手立てが必要となります。その代表的な方法が、**RIP**（Routing information protocol、リップ）と呼ばれるプロトコルです。図4.6はRIPの基本的な仕組みを示しています。

> ルータ同士の情報交換を行うプロトコルとしては、RIPが最もシンプルなものです。より高機能なものに、OSPF（Open shortest path first）、BGP-4（Border gateway protocol version 4）などがあります。

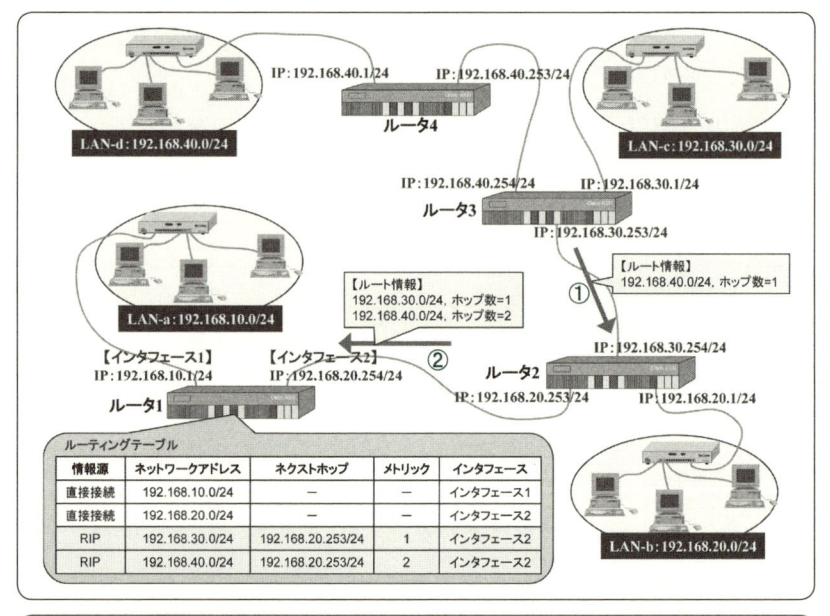

図4.6 ルーティングテーブルとRIPの仕組み

図4.6に示すように、ルータ1は、インタフェース1に192.168.10.0/24のネットワーク（LAN-a）が、インタフェース2にルータ2が直接つながっています。この状態を表しているのが、ルータ1

のルーティングテーブルの上2行の部分です。ルーティングテーブルの情報源の箇所（ルータが情報収集を行った方法を記載した箇所）には、上の2行の場合は直接接続と書かれています。これは、ルータの各インタフェースにネットワークやルータを接続したときに設定したIPアドレスの情報が、ルーティングテーブルに記載されていることを意味します。

それに対して、下の2行の情報源はRIPとなっています。これは、RIPによるルータ間での情報交換により、情報収集したことを表しています。図4.6に示すように隣り合うルータ間ではRIPなどのプロトコルにより情報交換を行っています。たとえば、この図の場合、次のようになります。

① ルータ2は、隣り合うルータ3から、図の矢印①の箇所に示すように、ルータ3の先には192.168.40.0/24のネットワーク（LAN-d）がつながっているという情報を得ます。

② ルータ1は、隣り合うルータ2から、図の矢印②の箇所に示すように、ルータ2の先には192.168.30.0/24のネットワーク（LAN-c）がつながっているという情報と、それに加えて、ルータ2がルータ3から得たルータ3の先には192.168.40.0/24のネットワーク（LAN-d）がつながっているという情報を併せて得ます。

この情報を記載した箇所が、図のルータ1のルーティングテーブルの下2行となります。ルーティングテーブルに**メトリック**という欄があります。メトリックとは目的のネットワークまでの距離を表した値です。一般的に、目的の場所までに行く通信経路は複数ある[注4-5]ことが多いので、この場合、メトリックの値の小さい方が近いと言うことで、そちらの経路が選ばれます。ここで、図の矢印①、②の箇所を見ると、①には「192.168.40.0/24、ホップ数＝1」、②には「192.168.40.0/24、ホップ数＝2」とあり、ホップ数が変化していることが分かります。**ホップ数**とは、ルータを通ってきた数のことで、192.168.40.0/24の場合、①から②の経路ではルータ2があるので、②の箇所では①の箇所の1に1を加えた値2となります。メトリックを表す指標の一つとして、このホップ数が使われることがあります。

ルーティングには、スタティック（静的）ルーティングとアクティブ（動的）ルーティングがあります。直接、手動で設定する方法がスタティックルーティングで、RIPのようなプロトコルを使って自動で定期的に更新しながら設定する方法がアクティブルーティングです。

注4-5：複数のネットワークを接続する場合、それをつなぐ伝送路が切断された場合でも通信が途絶えないように、安全策として、複数の経路を作っておく（冗長化を図る）ようにします。

メトリックが、ホップ数の場合、その伝送路のデータ転送速度などは考慮に入れません。したがって、高度なルーティングプロトコルでは、ホップ数だけではなく速度なども考慮に入れて、複合的にメトリックの値を決めています。

4.3 IPアドレスの変換

A NAT（NAPT）

● NATはIPアドレスを変換する仕組みのことで、プライベートアドレスしか与えられていないPCがインターネットと通信する場合に、PCのプライベートアドレスをグローバルアドレスに変換するときなどに利用される。

第3章で、IPアドレスにはグローバルアドレスとプライベートアドレスがあることを紹介しました。特に、プライベートアドレスは、社内のLANでは利用できますが、インターネットでは利用することはできません。それでは、社内のLANからインターネットを使って外部PCなどと電子メールをやり取りしたり、Webページを見たりする場合はどのように通信するのでしょうか。そのときの仕組としてNATが利用できます。

NAT（Network Address Translation、ナット）とは、ネットワークアドレス、すなわちIPアドレスを変換する仕組みのことです。図4.7では、内部のネットワーク（LAN）と外部のネットワーク（インターネット）が、サーバやルータによってつなげられています。この内部と外部をつなぐ装置のことを**ゲートウェイ**といいます。そして、ゲートウェイは、内部のネットワークと接続するためのプライベートアドレス（図の例では、192.168.10.1）とインターネットと接続するためのグローバルアドレス（図の例では、211.9.36.148）の二つをもっています。

ゲートウェイ（gateway）とは、門のある通路のことで、ネットワークの分野では、異なるネットワークをつなぐ中継装置といった意味になります。

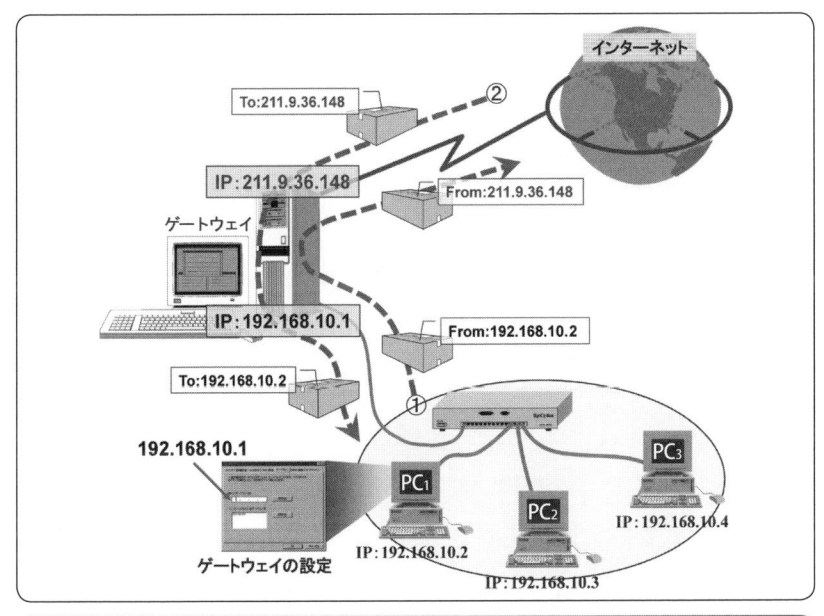

図4.7　NATによるIPアドレス変換の様子

　内部のネットワークにつながる各PCには、プライベートアドレスしか与えられていませんから、直接、インターネットと通信をすることができません。そこで、各PCに対してゲートウェイのIPアドレス（図では、192.168.10.1）を設定し、それらのPCが外部と通信する場合、送信元のIPアドレスには自分のアドレス（図では、PC1の192.168.10.2）を書き、図4.7の①の流れで示すように、まず、すべてのパケットをゲートウェイに送ります。ただ、送信元が今のプライベートアドレス（PCのアドレス）のままでは、インターネットへ送り出すことができないため、ゲートウェイは自分のもつグローバルアドレス（図では、211.9.36.148）に変換してパケットを送り出します。

　逆に、送り出したパケットが、図4.7の②の流れのように、戻ってくるときには、あて先がゲートウェイのグローバルアドレス（図では、211.9.36.148）になっているので、パケットはゲートウェイまで届きます。ここで、ゲートウェイは、送り出したときのIPアドレスの変換情報（変換テーブル）を元に、あて先を送り出したPCのプライベートアドレス（図では、PC1の192.168.10.2）に戻し、パケットをそのPCに送ります。

以上のゲートウェイを使った NAT の仕組みにより、プライベートアドレスをもった PC でも、外部の PC とやり取りをすることができます。ただ、IP アドレスの情報だけだと問題が発生する場合があります。たとえば、偶然 2 台の PC から同時に同じ Web サーバに対して通信を行った場合、それぞれのパケットがゲートウェイに戻ってきたとき、その返事がどちら PC 宛のものか区別することができません。そこで、IP アドレスのほかにポート番号[注4-6]と呼ばれる情報も使って、変換する仕組みがあります。これを **NAPT**（Network Address Port Translation、ナプト）といいます。

注4-6：ポート番号については、次の第5章で紹介します。

たとえば、PC1（IP アドレス：192.168.10.2）と PC2（IP アドレス：192.168.10.3）から、送信元の IP アドレスとポート番号が、

パケット1〔送信元の IP アドレス：192.168.10.2、ポート番号：50000〕

パケット2〔送信元の IP アドレス：192.168.10.3、ポート番号：50000〕

というパケットをゲートウェイが受け取り、NAPT により送り出すとき、

パケット1〔送信元の IP アドレス：211.9.36.148、ポート番号：60001〕

パケット2〔送信元の IP アドレス：211.9.36.148、ポート番号：60002〕

というように、それぞれの IP アドレスとポート番号を変換して送り出します。そして、これらに対するパケットが戻ってきたとき、IP アドレスではパケット1とパケット2のどちらに対するパケットであるかを区別できませんが、ポート番号を送信時に60001と60002と異なったものを付けているので、これを見ることで元の IP アドレスとポート番号に戻すことができます。

NAPT の機能のことを Linux と呼ばれる OS では **IP マスカレード**（masquerade）と呼ぶことがあります。マスカレードとは、仮面舞踏会の意味で、IP アドレスが変わることで、誰か分からなくなることから、このように呼ばれようです。実は、NAT 及び NAPT の機能を利用すると、1 つのグローバルアドレスを複数の PC で共有できるため、インターネットカフェなどの不特定多数の人が利用するネットワークから、悪意のある利用がなされたとしても特定が難しくなるといった問題が発生します。

この章のまとめ

1. ルータはIPパケットに書かれたIPアドレスを解釈して、つながっているネットワークアドレスの異なるネットワーク間で、IPパケットが適切な場所に届くように通信を制御する装置である。

2. 外部のネットワークに通信するとき、あて先のMACアドレスが分からないので、まずはルータのMACアドレスを付けてルータに送る。また、自分のネットワーク内にあて先がない場合に、とりあえずルータなどに送るという設定をデフォルトゲートウェイという。

3. ルータは送信経路を選択するためのルーティングテーブルという情報をもっており、このテーブルには、ネットワークアドレス、ネクストホップ、インタフェースの情報が関連づけて記されている。

4. 直接つながっていないネットワークの情報を知るために、ルータ同士で情報交換を行うRIPというプロトコルがあり、これにより、経路と距離（メトリック）を知ることができる。目的地まで複数の経路がある場合は、メトリックによって近い経路に送る。

5. NATはIPアドレスを変換する仕組みのことで、プライベートアドレスしか与えられていないPCがインターネットと通信する場合に、PCのプライベートアドレスをゲートウェイがもつグローバルアドレスに変換するときなどに利用される。

練習問題

問題1 ルータによってつながる二つのネットワークLAN-aとLAN-bがある。このとき、LAN-a内のPCからLAN-b内のPCに通信をする場合、イーサネットフレームに記されていたあて先のMACアドレスがどのように変化するか説明しなさい。

問題2 ルーティングテーブルに記されているネットワークアドレス、ネクストホップとインタフェースの三つの情報の関係を簡単に説明しなさい。

問題3 ルーティングプロトコルの一つであるRIPの役割と仕組みを簡単に説明しなさい。また、メトリックについても簡単に説明しなさい。

問題4 NATについてその仕組みと用途を簡単に説明しなさい。

第5章
インターネット通信の仕組み3 ― TCP/IP モデルと TCP

学生：IP アドレスって、すごいですね。前回の学習で、何気なく通信しているデータが、あんなに大変なルーティングをしながら届くのかと思うと感動しました。

先生：（ちょっと大げさな気もするが）…それはよかった。今回は、IP による通信の上で、離れた PC 同士が、どのように 1 対 1 の通信を行っているかについて説明したいと思います。

学生：えー！
IP の上に、さらに仕組みがあるんですか？

先生：はい。
だから、まずは、今までの学習を含めて、通信方式を整理をするために、ネットワーク上で行われる通信全体の体系の話から始めましょう。

学生：よかった。…（ほっと）
これ以上複雑になったら、どうしようかと思ったのですが、それでは、ネットワークの技術を整理する話を期待していま～す！

この章で学ぶこと
1. TCP/IP モデルと OSI 参照モデルの体系について概説できる。
2. TCP の通信の仕組みとポート番号の役割について説明できる。
3. TCP と UDP の通信方法の違いを説明できる。

第 5 章　インターネット通信の仕組み 3 ― TCP/IP モデルと TCP

5.1　通信の階層

A　TCP/IP モデル

> ● 通信の仕組みを四つの階層に分けて体系化した **TCP/IP モデル** は、その階層の下からネットワークインタフェース層、インターネット層、トランスポート層、アプリケーション層という。

　これまで、イーサネットによってネットワーク（LAN）内の通信を行う仕組み、さらには、IP によりネットワーク間の通信を行う仕組みについて学びました。そして、その仕組みの上で、図 5.1 の通信イメージに示すように、PC 同士、さらには、電子メールといった PC 内の特定のアプリケーション同士がデータのやり取りを行います。

図 5.1 はウィキペディア／ルーターの図参照 (http://ja.wikipedia.org)

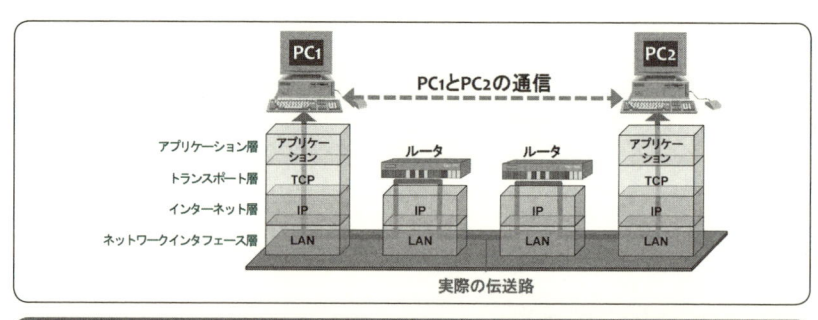

図 5.1　TCP/IP による通信のイメージ

　このとき、IP による通信の仕組みの上で、PC 同士が 1 対 1 の通信を確立して、ファイルなどのひとまとまりのデータを間違いなく通信する仕組みが、ここで学ぶ TCP というプロトコルです。さらに、この TCP の仕組みを使って、アプリケーション同士がデータをやり取りする仕組みを実現しています[注5-1]。

注 5-1：アプリケーション同士がデータをやり取りする仕組みについては、次の第 6 章で説明します。

　図 5.1 に示すように、通信の仕組みは四つの階層に分けて体系化されています。この体系は **TCP/IP モデル** と呼ばれ、四つの階層は、下の階層から順にネットワークインタフェース層、インターネット層、トランスポート層、アプリケーション層といいます。今まで学んでき

たイーサネットやIPといったプロトコル、ハブやルータといった通信装置についても、表5.1のように、四つの階層で整理することができます。

表6.1 TCP/IPモデルの4階層

	階層	代表的なプロトコル	関連装置
高 ↑ ↓ 低	アプリケーション層	HTTP、DHCP、DNS、FTP、SMTP、POP3	ゲートウェイ
	トランスポート層	TCP、UDP	
	インターネット層	ARP、IP（IPv4、IPv6）、IPsec、RIP、RARP	ルータ、L3スイッチ
	ネットワークインタフェース層	FDDI、IEEE802.11、イーサネット、トークンリング	NIC、スイッチングハブ（L2スイッチ）、ハブ、リピータ、ツイストペアケーブル、同軸ケーブル、光ファイバケーブル

各層の役割を整理すると次のようになります。

① **ネットワークインタフェース層**の役割は、ノード（PCなどの通信機器）を物理的につなぎ、つないだネットワーク内で電気や電波により通信ができる仕組みを提供することです。この層の代表的な通信の仕組みは、イーサネットであり、NICやハブをツイストペアケーブルでつないぐことで、信号のつながるネットワークを構成し、そのネットワーク（LAN）上でMACアドレスを使って通信が行える仕組みを提供します。

② **インターネット層**の役割は、ネットワーク間での通信を提供することです。この層の代表的な通信の仕組みは、ネットワーク間をつなぐルータと、ルータによるIPアドレスを使ったルーティングであり、これらによってネットワーク間をつなぐ通信が提供されます。

③ **トランスポート層**の役割は、ホストからホストへの1対1の通信（**エンドツーエンド通信**）を確立して、ファイルなどのひとまとまりのデータを初めから終わりまで間違いなく通信する仕組みを提供することです。この層の代表的な通信の仕組みとして、TCPとUDPというプロトコルがあり、これらのプロトコルを実

> ネットワークにつながるPCなどの機器のことを、ネットワークインタフェース層ではノード、インターネット層以降では、ホストということが多いようです。

現する機能（ソフトウェア）によって通信を提供します。

④　**アプリケーション層**の役割は、Webや電子メールといった具体的な通信のアプリケーションよって行われる各通信サービスを提供することです。この層の代表的な通信の仕組みとしては、HTTP、SMTPやPOP3といったプロトコルがあり、HTTPによりWebのサービスを、SMTPやPOP3により電子メールのサービスを提供します。

このようにネットワークの構造を階層化して考えることの利点は、通信方法を各階層毎で独立して考えることができるというところにあります。たとえば、インターネット層の下位のネットワークインタフェース層で、イーサネットとFDDIといった通信方式の異なるネットワークがつなげられていたとしても、それぞれにIPによる通信機能が用意されていれば、インターネット層以上の通信方法では、その下のネットワークがどのような種類であるかを気にすることなく通信を行うことができます。

B　OSI参照モデル

> ●通信の仕組みをTCI/IPモデルよりも細かく七つの階層に分けて体系化したOSI参照モデルは、その階層の下から物理層、データリンク層、ネットワーク層、トランスポート層、セッション層、プレゼンテーション層、アプリケーション層という。

　TCP/IPモデル以外に、**国際標準化機構**（**ISO**：International Organization for Standardization、アイエスオーまたはアイソ）によって標準化されたネットワーク構造のモデルに、**OSI参照モデル**と呼ばれるものがあります。このモデルは、表5.2に示すように7層（この階層を**レイヤ**という）に分かれた構造になっています。

OSI：Open Systems Interconnection

表5.2　OSI参照モデルとTCP/IPモデルの関係

OSI参照モデル		TCP/IPモデル
第7層	アプリケーション層	アプリケーション層
第6層	プレゼンテーション層	
第5層	セッション層	
第4層	トランスポート層	トランスポート層
第3層	ネットワーク層	インターネット層
第2層	データリンク層	ネットワークインタフェース層
第1層	物理層	

　TCP/IPモデルの四つの階層に対して、OSI参照モデルは7層と階層が多くなっているのは、OSI参照モデルの方がネットワークを構成する通信方式をより厳密に分類しているためです。したがって、現実的なTCP/IPモデルに対して、OSI参照モデルは教科書的と喩えられます。したがって、このOSI参照モデルは、ネットワークを構築するときの基準として利用されます。7層を簡単に説明すると次のようになります。

第1層（物理層）：通信ケーブルの種類、アナログやディジタルといった信号の形式など、物理的に機器を接続して通信するための方式を扱う階層です。TCP/IPモデルのネットワークインタフェース層での10BASE-T、100BASE-TXといった方式や通信ケーブルなどの規約がここに含まれます。

第2層（データリンク層）：物理的に接続された隣接するノード間での通信方式について扱う階層です。TCP/IPモデルのネットワークインタフェース層でMACアドレスを使ったイーサネットなどの規約がここに含まれます。

第3層（ネットワーク層）：複数のネットワークを接続し、その間の通信経路を選択して通信を行う方式について扱う階層です。TCP/IPモデルのインターネット層のIPアドレスを使ってルーティングを行うIPなどの規約がここに含まれます。

第4層（トランスポート層）：通信中のホスト間で通信に問題（エラー

表5.1のネットワークインタフェース層に含まれる装置をOSI参照モデルの第1層と第2層に分類すると次のようになります。
・第1層：ハブ、リピータ、ツイストペアケーブル、同軸ケーブル、光ファイバケーブル
・第2層：NIC、スイッチングハブ（L2スイッチ）

スイッチングハブは、ハブと違いMACアドレスを認識して通信を行う装置なので、第2層のスイッチという意味で**レイヤ2スイッチ**（略して**L2スイッチ**）と呼ぶことがあります。
ルータは、第3層に位置づけられます。また、同じ階層で、ルータとほぼ同じ機能をもった**レイヤ3スイッチ**（略して**L3スイッチ**）と呼ばれる装置があります。二つの違いは、L3スイッチよりルータの方が高機能であるが、その代わり、L3スイッチは機能をハードウェアとして実装しているので、機能をソフトウェアとして実装しているルータより動作が高速であるといった点です。

やデータの漏れ）が発生していないかを監視し、確実な通信が行えるように制御する方式を扱う階層です。TCP/IP モデルでは、トランスポート層がこの第4層と次の第5層（セッション層）とを併せて対応しており、TCP や UDP といったプロトコルがここに含まれます。

第5層（セッション層）：ホスト間で通信を行うファイルなのでのデータが初めから終わりまで途切れることなく通信が完了するように制御する方式を扱う階層です。

第6層（プレゼンテーション層）：通信する中身である、文字、画像や動画といったデータ形式を管理し、通信方式及びアプリケーションに適した形式に変換する方式を扱う階層です。TCP/IP モデルでは、アプリケーション層がこの第6層と次の第7層（アプリケーション層）とを併せて対応しており、HTTP、SMTP や POP3 といったプロトコルがここに含まれます。

第7層（アプリケーション層）：Web や電子メールといった具体的な通信サービスを提供する方式を扱う階層です。

5.2 トランスポート層

A TCP

- トランスポート層のプロトコル TCP は、ホスト間での1対1の双方向（エンドツーエンド）通信を確立する手順であり、この通信経路を確立した状態をコネクションという。
- コネクションの確立では、SYN と ACK という合図を使って、3ウェイハンドシェイクという方法で行う。

ⓐ-① コネクションの確立

ここでは、TCP/IP モデルのトランスポート層での具体的な通信について見ていきましょう。トランスポート層での代表的なプロトコルには TCP と UDP があり、これらについて紹介します。

トランスポート層のプロトコルである**TCP**（Transmission Control Protocol）は、ホスト間でのエンドツーエンド通信を確立します。エンドツーエンド通信の確立とは、先の図5.1に示したイメージのように、実際の伝送路上にある二つのホスト間でのPC1 → PC2とPC2 → PC1という双方向の通信が行える通信路（この経路をストリームということもある）を確立することです。このように経路を確立することを**コネクション**（connection）を確立するといいます。

TCPによりコネクションを確立する場合、通信の開始を要求するという**SYN**（Synchronize、同期という意味）という合図と、要求を了承するという**ACK**（Acknowledge、承認という意味）という合図を使って図5.2に示すような**3ウェイハンドシェイク**（three-way handshaking）と呼ばれる方法が行われます。

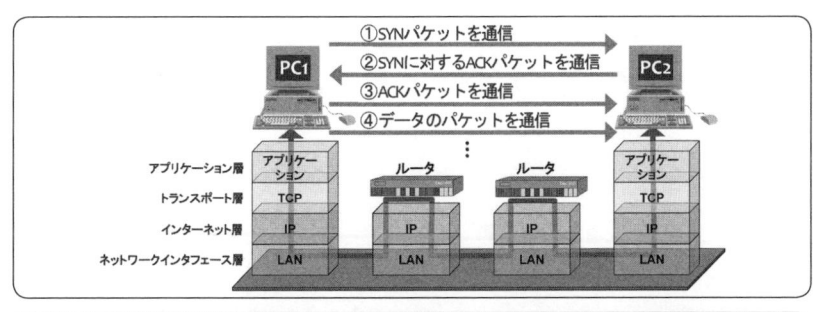

図5.2　TCPの3ウェイハンドシェイクの様子

図5.2は、PC1からPC2に対して通信の要求を行った場合の例で、この場合の3ウェイハンドシェイクは次のようになります。

① PC1からPC2に対して通信を開始するために、まず、通信要求の合図であるSYNパケット[注5-2]を送信します。

② PC1からのSYNパケットを受け取ったPC2は、通信が可能であれば、了承の合図であるSYNに対するACKパケットを送信し、受信の準備を行います。

③ PC2からのACKパケットを受け取ったPC1は、PC2に対して、これから送信を開始するといった意味のACKパケットを送信し、これでPC1とPC2のコネクションが確立されます。

①〜③によりコネクションが確立した以降は、④に示すように、実

注5-2：ここでのパケットは、正確にはTCPの通信形式基づいたTCPパケットです。TCPパケットが、インターネット層で通信されるときには、IPパケットに内包されて送られます。

際のデータが入ったパケットが送られます。この間、PC1 から PC2 に対して送信するデータがなくなるまで、パケットは連続的に送られます[注5-3]。ただ、通信が確実に行われていることを確認するために、ある程度のデータを通信した時点で、PC2 は PC1 に対してデータが確実に届いているという合図として ACK パケットを送ります。もし、この ACK パケットがある一定時間を超えて PC2 から送られてこないときには、PC1 は、再度データを再送します。この仕組みにより、データが漏れることなく通信を行うことができます。

また、PC1 から PC2 へ送られたパケットがすべて届いているかどうかを確認できるように、先ほどの③の ACK パケットにより、パケットの順番が分かるように開始番号を決める情報を送っています。そして、以降のパケットには開始番号からの順番を示す番号（**シーケンス番号**）が付けられて送信されます。これにより、途中の伝送路の状態によって送られたパケットの順番と受信したパケットの順番が変わっても、シーケンス番号を使って組み立て直すことで、適切な順番に戻すことができます。

ⓐ-② コネクションの終了

すべてのデータを送り終えた後、終了の合図である FIN（Finis、終了という意味）パケットを使って、図5.3のような流れで、コネクションを終了します。

注5-3：データが無くなるまでパケットを送り続けますが、データを受け取る側の PC が用意した受信用の記憶領域のサイズを超えて送ることはできません。したがって、PC2 は PC1 に対して現在受け取れるデータの大きさ（ウィンドウサイズという）を ACK パケットにより知らせます。これにより、受取先の PC で、データがあふれ出てしまうこと（フロー）を防ぎます。この制御方法をウィンドウ制御といい、これにより、フローを防ぐフロー制御を行っています。
データが受信用の記憶領域より大きな場合は、蓄えられたデータが処理されて、ウィンドウサイズが回復するのを待って送信を続けます。

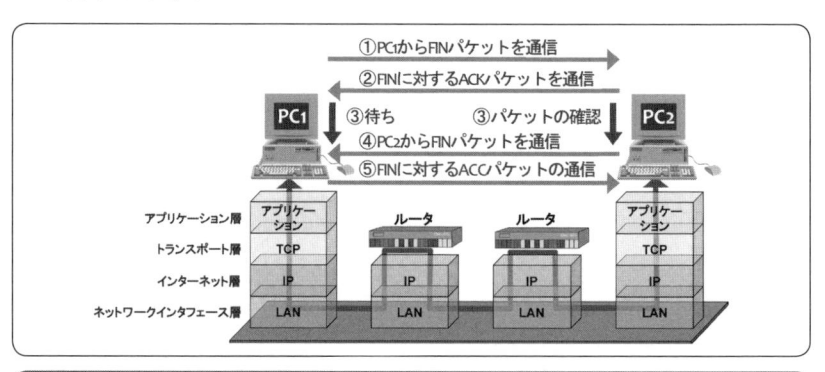

図5.3　TCP でのコネクション終了の流れ

① すべてのデータを送り終えたとき、PC1 は終了を伝える FIN パケットを送信します。

② ①の FIN パケットを受け取った PC2 は、PC1 の送信が終了したという合図を了承したという ACK パケットを送信します。

③ ②を送った PC2 は、PC1 からのデータをすべて受け取っているかを確認します。PC1 は、PC2 がすべてのデータを受け取ったという合図が来るのを待ちます。

④ すべてのデータを受け取ったことを確認した PC2 は、データの受信が終了したという合図の FIN パケットを PC1 に送信します。

⑤ ④の FIN パケットを受け取った PC1 は、PC2 の受信が終了したという合図を了承したという ACK パケットを送信します。

⑤までの動作が終了した時点で、双方での送受信が完了したことが確認でき、コネクションを終了します。このように、終了の合図を双方で行い、その途中に待ちの動作を入れることで、もし、送信をし終えたつもりが、FIN パケットの前のデータに漏れがあった場合に、それに対処することができるからです。

このように、データをもれなく確実に送受信する TCP の手順を使うことで、エンドツーエンド通信が実現されます。

B TCP パケットとポート番号

- TCP は、TCP ヘッダの付いた TCP パケットというデータ形式で通信を行う。TCP ヘッダにはパケットの順番を示すシーケンス番号やポート番号の情報が格納されている。
- ポート番号は、アプリケーション層での通信サービス(アプリケーションソフト)を示す値で、これにより、通信データを利用するソフトが分かる。

ⓑ-① TCP パケット

TCP では、図 5.4 に示すような **TCP パケット**と呼ばれる形式で通信が行われます。図に示すように、TCP ヘッダには次のような情報が盛り込まれます。

・シーケンス番号:パケットの順番を示す値で、実際には、データ

の開始番号に、データの先頭からのバイト数を加算した値が番号として使われています。

- ACK番号：データの受信が確実に行われている合図としてのACKパケットを送るとき、ここに受信済みデータのバイト数（シーケンス番号と同じ方式で算出した値）を格納します。
- URG、ACK、PSH、RST、SYN、FINフラグ[注5-4]：ACKパケットの場合、ACKフラグに1、SYNパケットの場合はSYNフラグに1といったように、パケットの種類を示します。
- ウィンドウサイズ：データを受け取る側のPCが、この後の受信のために利用できる記憶領域のサイズを記録して知らせます。送信側のPCはこのサイズを超える容量のデータを続けて送ることはできません。
- チェックサム：TCPパケットの内容の整合性を検査するための検査用データです。

注5-4：フラグとは、特定の1ビットの場所に1が立つことで、ある状態を示す合図となる情報のことです。URG（urgent、緊急）フラグは緊急なデータであることを、PSH（push、プッシュ）フラグは、データをすぐに上位のアプリケーションに渡せという要求を、RST（reset、リセット）フラグは、通信の中断要求を表すものです。

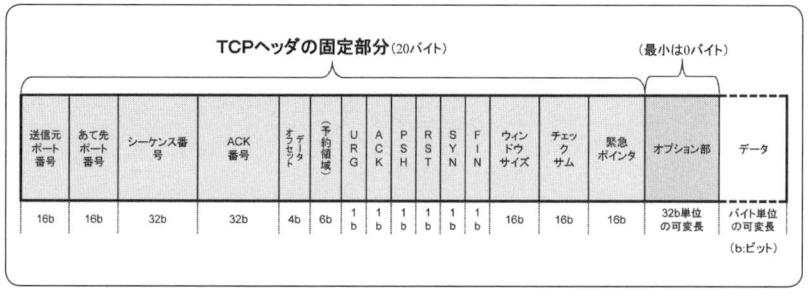

図5.4 TCPパケットの形式

ⓑ-② ポート番号

図5.4に示すTCPヘッダの先頭には、送信元ポート番号とあて先ポート番号という箇所があります。TCPの通信では、通信するそれぞれに**ポート番号**と呼ばれる16ビット（10進数では0～65535）の値を決めてセッションを確立します。ポート番号は、表5.3に示すような三つの種類があります。

- よく知られているポート番号（WELL KNOWN PORT NUMBERS）の範囲（0～1023番）では、アプリケーション層での代表的な通信サービスに対して、それが通信を行うときに使

うポート番号[注5-5]が割り当てられています。たとえば、Webサーバとの通信（HTTP）には、80番のポートが割り当てられています。

- 登録済みポート番号（REGISTERED PORT NUMBERS）の範囲（1024～49151番）は、特定のアプリケーションが通信を行うときに、その中の特定の番号を登録することで利用できるように用意された番号です。たとえば、データベースソフトやセキュリティソフトなどの特定のソフトウェアがこの範囲の番号を登録して利用します。
- 動的／プライベートポート（DYNAMIC AND/OR PRIVATE POSTS）の範囲（49152～65535番）は、自由に利用できるポート番号として用意されたもので、クライアントPCのアプリケーションが通信をするとき、OSがこの範囲のポート番号を一時的に与えます。

表5.3　ポート番号の三つの種類

ポート番号の種類	ポート番号の範囲
よく知られているポート番号	0番～1023番
登録済みポート番号	1024番～49151番
動的／プライベートポート	49152番～65535番

たとえば、あるクライアントPCが、Webページを閲覧するためにWebサーバに対してTCPによって通信を行う場合、送信元ポート番号には49152番～65535番の内の一つの番号が割り当てられ、あて先ポート番号にはWebサービスを示す80番が割り当てられます。また、同じPCが、Webと同時期に電子メールの通信サービスを利用していた場合には、Webサーバと通信するポート番号とメールサーバと通信するポート番号には異なる番号が割り当てられます。これにより、そのPCに届いたパケットが、どの通信サービスのデータであるかを区別することができます。

注5-5：代表的なポート番号としては、次のようなものがあります。
20：FTP（データ）
21：FTP（制御）
22：SSH
23：telnet
25：SMTP
53：DNS
80：HTTP
110：POP3
443：HTTPS
これらの番号については、その使用の強制力はなく、推奨という位置づけになっています。

IPパケットについたIPアドレスによりPCが特定でき、IPパケットに内包されるTCPパケットについたポート番号によりアプリケーションを特定することができます。IPアドレスが会社の住所とすると、ポート番号はその会社のどの部署かを表す情報といったところです。IPアドレスとポート番号を組合せた情報のことを**ソケット**といいます。

C UDP

> ● UDPはトランスポート層のプロトコルであり、TCPとの違いはコネクションを行わない点で、正確にデータが相手に到達したかの確認ができないが、通信を簡易にかつ短時間で行うことができる。

トランスポート層の代表的なプロトコルにはTCPの他に、**UDP**（User Datagram Protocol）があります。UDPのTCPとの大きな違いは、コネクションを行わない点です[注5-6]。コネクションを行わないため、データが正確に相手に到達したかの確認を行うことができません。その反面、ACKといった冗長なやり取りがないため、通信を簡易にかつ短時間で行うことができます。したがって、通信するデータの目的によって、到達の確実性を優先するのか、それとも通信の高速性を優先するのかを判断して、通信サービスごとにTCPとUDPが使い分けられています[注5-7]。

UDPは、コネクションを行わないため、通信を1対1に限る必要がありません。したがって、IPのブロードキャストアドレスを使った1対多の通信も可能になります。このように、UDPはIPでの通信機能を活かし、その上にポート番号の情報を追加して通信するといった意味合いの強いものといえます。事実、UDPパケット（**UDPデータグラム**[注5-8]）の形式は、TCPに比べて非常に簡単で、図5.5のようになっています。

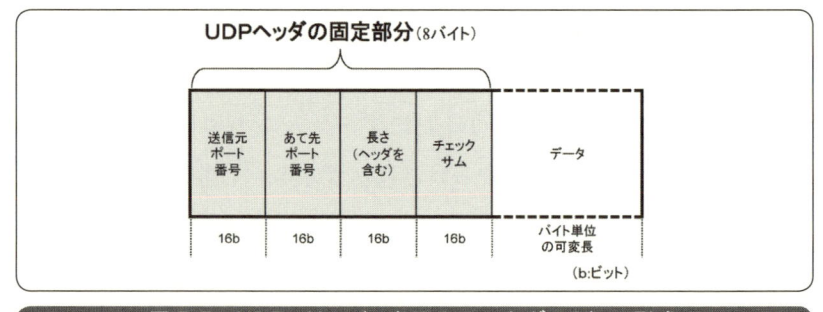

図5.5 UDPパケット（UDPデータグラム）の形式

図5.5からも分かるように、UDPヘッダは非常に簡単なもので、

注5-6：UDPのコネクションを行わない通信のことを**コネクションレス型通信**といいます。実は、IPでの通信もコネクションレス型通信に分類されます。

注5-7：Webや電子メールではTCPが使われます。UDPを使う代表的な例としては、メールアドレスやWebのURLの情報よりサーバのIPアドレスを調べるDNS（次章で学習）というサービスで利用されています。

注5-8：IP、TCP、UDPの各通信における通信データの単位を、すべてパケットと呼ぶことが多くなってきています。しかし、それぞれのデータ単位を、異なる呼び方をすることもあります。コネクションレス型通信であるIPパケットとUDPパケットについては、それぞれ、**IPデータグラム**、**UDPデータグラム**と呼び。それに対して、TCPパケットについては、**TCPセグメント**と呼びます。本書では、以降もパケットで説明します。

長さやチェックサム（検査用データ）の情報を除けば、ポート番号の情報だけとなります。したがって、IPパケットの中にUDPパケットを格納した状態は、IPヘッダの情報にポート番号の情報だけを追加した構造になることがわかります。このように、UDPはIPの通信に対してポート番号を拡張した通信と考えればよいでしょう。

この章のまとめ

1. 通信の仕組みをネットワークインタフェース層、インターネット層、トランスポート層、アプリケーション層の四つに分けて体系化したTCP/IPモデルがある。

2. 通信の仕組みを物理層、データリンク層、ネットワーク層、トランスポート層、セッション層、プレゼンテーション層、アプリケーション層の七つに分けて体系化したOSI参照モデルがある。

3. トランスポート層のプロトコルTCPは、ホスト間でエンドツーエンド通信を確立する手順であり、確立した状態をコネクションという。コネクションの確立では、SYNとACKという合図を使って、3ウェイハンドシェイクという方法で行う。

4. TCPは、TCPパケットというデータ形式で通信を行い、TCPヘッダにはパケットの順番を示すシーケンス番号やポート番号の情報が格納されている。ポート番号は、アプリケーション層での通信サービスを示す値で、これにより、通信データを利用するソフトが分かる。

5. トランスポート層のプロトコルUDPとTCPとの違いはコネクションを行わない点で、正確にデータが相手に到達したかの確認ができないが、通信を簡易にかつ短時間で行うことができる。

練習問題

問題1　TCP/IP モデルのネットワークインタフェース層、インターネット層、トランスポート層、アプリケーション層の各階層での通信の特徴を簡単に説明しなさい。

問題2　TCP/IP モデルの四つの階層について、OSI 参照モデルの物理層、データリンク層、ネットワーク層、トランスポート層、セッション層、プレゼンテーション層、アプリケーション層の七つの階層との対応関係を述べなさい。

問題3　3ウェイハンドシェイクによって、コネクションを確立する流れを簡単に説明しなさい。

問題4　TCP ヘッダに格納されるポート番号により何が分かるかを述べなさい。また、ポート番号の三つの分類について述べなさい。

問題5　TCP と UDP の通信方法の違いと特徴を簡単に説明しなさい。

第6章
通信サービスについて

学生：TCP/IP モデルの4層から考えると、前回までで3層までが終わったので、今回の学習は、察するにアプリケーション層の話ですね？

先生：よく分かりましたね。その通りです！
今回は、アプリケーション層で行われている通信サービスについて説明したいと思います。

学生：通信サービスですか…
インターネットで、何かオマケしてもらったこともないし、サービスされた記憶がありません？

先生：ハッハ。
Web ページを見たり、電子メールをやり取りできるのも、立派なサービスですよ。

学生：なるほど！
毎日、サービスを利用していました。いつも使っているので、当たり前すぎて、気づきませんでした。インターネットのサービスについて、是非教えてください。

この章で学ぶこと

1 Web での HTTP、電子メールでの SMTP と POP3 について概説できる。
2 ドメイン名の大系について説明できる。
3 DNS による正引きの仕組みについて説明できる。
4 DHCP による IP アドレスの設定方法について説明できる。

6.1 代表的な通信サービス

A Web

- URLは、インターネット上に点在するWebページなどの情報資源の所在地を示す情報である。
- HTTPは、Webクライアント（Webブラウザ）の要求により、Webサーバ（Webページを配信するソフト）が、Webページを送信するためのプロトコルである。

ⓐ-① URL

　前章で示した表5.1のアプリケーション層には、その代表的なプロトコルとしてHTTP、DHCP、DNS、FTP、SMTP、POP3といった種類が列挙されていました。この中で、HTTPはWebのサービスを、SMTPやPOP3は電子メールのサービスを実現するためのプロトコルです。このように、インターネット上で提供される様々な通信サービスは、それぞれ、専用のプロトコルがあり、それらのプロトコルはアプリケーション層に位置づけられます。

図6.1　WebページとURLの例

　図6.1に示すように、Webブラウザ（または、WWWブラウザ）を使うことで、インターネット上にある様々なWebページを閲覧す

ることができます。このシステムのことをWWW（World Wide Web）または、単に**Web**といいます。Webページを見る場合、図のように、

   http://www.kindaikagaku.co.jp

といった**URL**（Uniform Resource Identifier）と呼ばれる情報が必要となります。このURLは、インターネットによってつなげられたネットワーク上に点在するWebページなどの情報資源の所在地を示す情報です。

 URLは、次の例のように、

  http://www.kindaikagaku.co.jp/news/index.html
     ホスト名   パス名

ホスト名とパス名から構成されています。**ホスト名**は、インターネットにつながるWebサーバのような機器（ホスト）の場所を表します。**パス名**は、Webサーバの記憶領域の中で公開する情報が格納された場所（ディレクトリの階層とファイル）を示す情報であり、「/news/index.html」というように、ディレクトリ名（フォルダ）、ファイル名と区切りを示す「/」で構成されます。

 ところで、パス名が無く、「http://www.kindaikagaku.co.jp」というように、ホスト名だけを指定したときに表示されるWebページを、特にそのサーバが最初に提示するページということで、**ホームページ**と呼びます。また、URLの先頭の「http://」注6-1は、URLによって情報資源を入手する方法をHTTPによって行うという意味を表しています。

ⓐ-② HTTP

 HTTP（HyperText Transfer Protocol）は、図6.2に示すように、Webクライアント（Webブラウザ）の要求により、Webサーバ（Webページを配信するソフト注6-2）が、Webページ注6-3を送信するためのプロトコルです。すなわち、図のように、WebクライアントからURLで示されるホストのWebサーバ（ポート番号80）に対して、①リクエストメッセージ（GETメソッド注6-4という）を送ると、それに対して、Webサーバは②レスポンスメッセージ（GETメソッド

Webサーバに対するホスト名では、初めにWWWと付くのが一般的です。ただ、WWWを使うことは規則ではなく、習慣的なものであり、Webサーバであってもホスト名にWWWを付けていないこともあります。

注6-1：この箇所をスキーム名といいます。

注6-2：Webサーバとして代表的なソフトには、Apache（アパッチ、Apache HTTP Server）と呼ばれるUNIX系のオープンソースソフトウェアや、マイクロソフト社のIIS（Internet Information Services）などがあります。

注6-3：Webページは、**HTML**（HyperText Markup Language）と呼ばれるハイパーテキストを記述する言語によって記述されたコンテンツです。このハイパーテキストの特徴は、ページ間をURLによって結びつけ、ページからページへ移動できる仕組みをもっていることです。この仕組みのことをハイパーリンクといいます。

注6-4：HTTPには、幾つかのコマンドがあります。GETコマンドは、ブラウザがサーバにWebページをリクエストするという、最も一般的なコマンドです。HEADコマンドは、Webページの更新日などの制御情報だけをリクエストするコマンドです。POSTコマンドは、ブラウザで入力した文字情報をサーバに送るためのコマンドで、CGIと呼ばれるプログラムで利用されます。

の実行結果、要求されたWebページ）を返すという、リクエスト－レスポンス型と呼ばれる通信方式のプロトコルです。

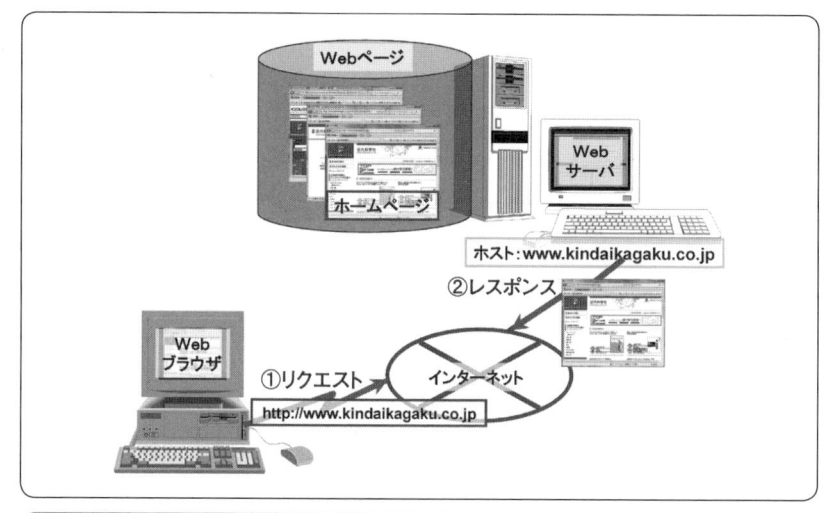

図6.2　WebクライアントとWebサーバとのHTTPによるやり取り

　HTTPの基本動作としては、Webクライアントのリクエストに対して、Webサーバはその結果（レスポンス）、すなわち、Webページを返した時点でセッションを解消して、情報をリセットしまいます。したがって、このリクエスト－レスポンス型のHTTPでは、たとえば、会員ページにログインした後、その会員情報を保持したまま、会員サービスのページをページをまたがって行き来することはできません。この問題を解決する方法として、**Cookie**（クッキー）という技術があります。Cookieは、Webサーバがやり取りしているWebクライアントを区別するため、クライアントを識別する値（識別子）をHTTPヘッダに組み込んで、Webクライアントとやり取りする方法で、どのクライアントのやり取りであるかを識別番号によって管理できるようにしています。

B 電子メール

- 電子メールはASCIIコードで書かれたテキストしか扱えないが、MIMEという書式によって、各種のデータをASCIIコードの範囲の値に変換して送ることができる。
- SMTPはメールサーバ間でメールの送受信を行うプロトコルであり、POP3とIMAPはメールクライアントがメールサーバから自分のメールを取り出すプロトコルである。

ｂ-① メールアドレスとMIME

Webと同じく頻繁に利用するインターネットのサービスに、電子メールがあります。**電子メール**は、web-info@kindaikagaku.co.jpといったようなメールアドレスによって、メールサーバ（メールの送受信とメールの管理を行うソフト[注6-5]）とメールクライアント（メーラ（Mailer）と呼ばれるソフトで、メールの表示、作成や送受信を行うソフト）によってやり取りされます。メールアドレスは、

web-info@kindaikagaku.co.jp
ユーザ名　　ホスト名

というように、@（アットマーク）の前にユーザ名、後にホスト名を書く構造になっています。ホスト名はネットワークにつながるメールサーバを識別する情報で、ユーザ名はメールサーバが管理しているメールクライアントを識別する情報です。

電子メールは、米国の文字コードであるASCIIコードで書かれたテキストしか扱うことができませんでしたが、現在では、**MIME**（Multipurpose Internet Mail Extension、多目的インターネットメール拡張、マイムと読む）という書式により、アルファベット以外の文字だけではなく、画像や動画など様々なデータが扱えるようになりました。これは、各種のデータを送信するとき、それらのデータをASCIIコードの範囲の値に変換して送るという方法をとっています。また、メールのヘッダにはデータの種類（type[注6-6]）を示す情報が付けられているので、受信側ではMIMEの形式で送られたデータを、その種類にしたがって元の値に変換することで、各種のデータを受け

注6-5：メールサーバとして代表的なソフトには、Sendmail（センドメール）と呼ばれるUNIX系のオープンソースソフトウェア（Sendmailには商用版もある）や、マイクロソフト社のMicrosoft Exchange Serverなどがあります。

注6-6：MIMEのtypeには、"text"（テキスト）、"image"（画像）、"audio"（音声）、"video"（動画）、"application"（アプリケーションプログラム固有のフォーマット）などの種類があり、データの型を指定することができます。さらに、typeを分類するsubtypeがあり、次のように指定できます。
text/plain（文字だけから成るテキスト）
text/html（HTML形式のテキスト）
image/jpeg（JPEG形式の画像）
video/mpeg（MPEG形式の動画）
application/pdf（PDF形式の文書）

取ることができます。

❺-② SMTP と POP

電子メールの送受信には、

・SMTP：メールサーバ間でのメールの送受信プロトコル

・POP3 または IMAP：メールサーバからメールクライアントへの
　　メールの読出しプロトコル

といった二種類のプロトコルが利用されます。

図 6.3 は、**SMTP**（Simple Mail Transfer Protocol、簡易メール転送プロトコル）によるメールの送信イメージを示したものです。図の①の矢印のように、メールサーバ間でのメールの送受信で SMTP が使われます。メールサーバのこの機能を **MTA**（Mail Transfer Agent、メール転送エージェント）といいます。また、この通信では TCP のポート番号 25 を利用することが一般的です。

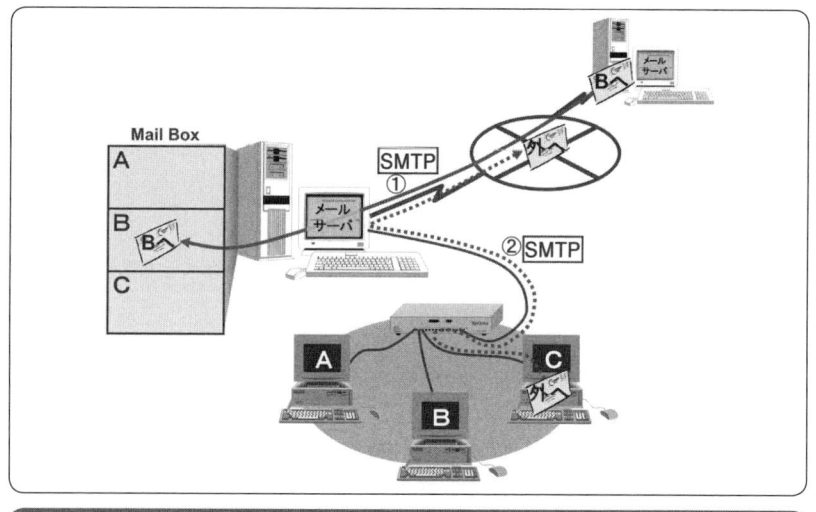

図 6.3　SMTP による電子メール送信のイメージ

メールサーバは、図 6.3 のように、管理しているメールクライアント毎のメールボックスをもっており、届いたメールはあて先のメールクライアントのメールボックスに格納します。すなわち、メールは届いた時点でメールクライアントに届けられるのではなく、メールクライアント毎のメールボックスに蓄積されるといった仕組みになっています。

SMTPは、図6.3の②に示すように、メールクライアントが外部のメールサーバにメールを送信するときにも利用されます。メールクライアントのこの機能を**MUA**（Mail User Agent、メールユーザエージェント）といいます。

メールクライアントがメールサーバからメールを読み出す場合には、**POP**（Post Office Protocol）または**IMAP**（Internet Message Access Protocol）と呼ばれるプロトコルが利用されます。特に、POPはそのバージョン3であるPOP3が、IMAPはそのバージョン4であるIMAP4が利用されています。これらのプロトコルは、図6.4に示すように、メールクライアントが、メールサーバ内にある自分のメールボックスに届いているメールを、受信するときに利用されます。

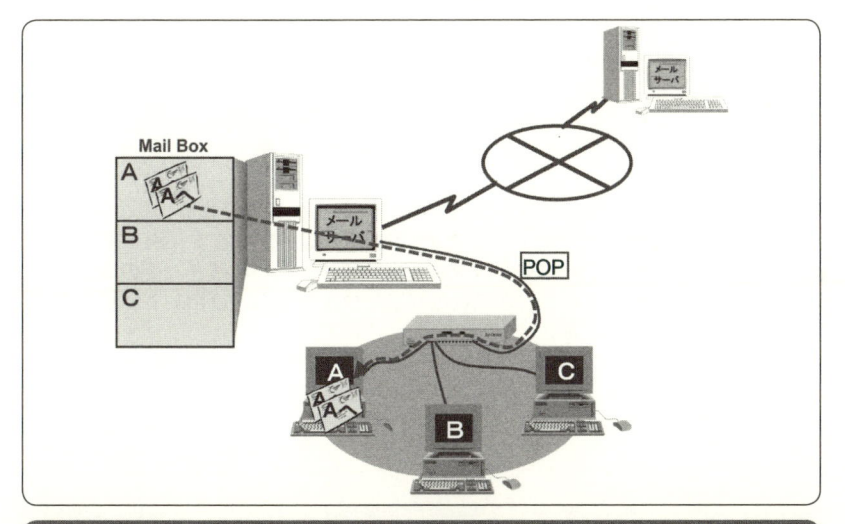

図6.4 POP3による電子メール受信のイメージ

C その他の通信サービス

- 代表的な通信サービスを提供するプロトコルに、ファイルの転送を行う**FTP**、遠隔地にあるサーバを操作する**Telnet**、様々な処理ができるように提供されているプログラムの部品を利用するための**SOAP**などがある。

Webと電子メール以外で代表的な通信サービスを行うプロトコルを表6.1に紹介します。

SMTPは、メールサーバ間のMTAによる転送だけでなく、メールクライアントのMUAによってメールサーバにメールを送信するときにも使われます。ただし、この2種類の送信に対して、受信する側のメールサーバがそれらの受信を区別することができるように、後者では通常のポート番号25番と異なるポート番号587を利用します。

Telnetでのやり取りは暗号化されておらず、やり取りされるデータが盗み見されたり、また、IDやパスワードが他人に知られてしまうことで会社のサーバに侵入されたりといった恐れがあるため、現在では、この利用は推奨されていません。

SOAPは、当初、Simple Object Access ProtocolやService Oriented Architecture Protocolの略称とされていましたが、現在は、略称ではなくSOAPという名称として使われています。

コンポーネットの遠隔手続呼出しを可能にする技術には、Microsoft社が提唱する仕様COM（Component Object Model）と、オブジェクト指向技術の標準化と普及を推進する業界団体OMG（Object Management Group）が定めた仕様CORBA（Common Object Request Broker Architecture）があります。これらは、分散環境上でコンポーネントを利用するための仕様を定めたものです。

XML（Extensible Markup Language）は、HTMLと同じくマークアップ言語の一つで、文書やデータの意味や構造を記述するために利用されます。

表6.1 アプリケーションでのプロトコル

FTP（File Transfer Protocol）

　FTP（ファイル転送プロトコル）はネットワークを通して、クライアントとサーバ（FTPサーバ）間でファイルの転送を行うための通信プロトコルです。クライアントからサーバへファイルを転送することを**アップロード**、逆に、サーバからクライアントへファイルを転送することを**ダウンロード**といいます。

　FTPサーバを使うことで、ファイルをネットワーク上で特定の人と共有したり、ファイルを公開して配布したり、どこからでも自分のファイルを利用できるようにしたりといった用途が可能となります。また、作成したWebページのファイルをWebサーバに転送するときにも利用されます。

Telnet（Telecommunication network）

　Telnet（テルネット）とは、ネットワークを使って、遠隔地にあるサーバを操作できるようにする通信プロトコルとその操作を行うためのソフトウェア（仮想端末ソフトウェア）のことを指します。たとえば、Telnetを使うことで、家庭のPCから会社のサーバに入り（リモートログインという）、会社のサーバとファイルのやり取りをしたり、自分に届いている電子メールを見たりといったことが可能となります。

SOAP

　SOAP（ソープ）は、ネットワークを使って、様々な処理を行うことを目的として提供されているプログラムの部品（コンポーネント）を遠隔地から呼び出して（リモートプロシージャコール、遠隔手続呼出し）利用し、その処理結果をやり取りするための通信プロトコルです。SOAPを使うことで、共通して利用するコンポーネントをサーバに置き、そのコンポーネントが必要になったとき離れたソフトウェアから呼び出して利用することが可能となります。

　SOAPは、XML形式の文書によりコンポーネントの呼び出しと処理データのやり取りを行います。このときの通信方法としてはHTTP、SMTPやFTPといった通信プロトコルを利用します。

6.2　IPアドレスに関連するサービス

A　ドメイン

- ドメインは、領域や範囲といった意味で、インターネットやイントラネット上での、サーバを中心にPC等をグループ化した領域を指す。
- ドメイン名を全世界的に一元管理する組織がICANNで、日本のドメイン名は、ICANNの傘下にあるJPNICが管理している。

6.2 IPアドレスに関連するサービス

　WebのURLや電子メールのホスト名は、ドメインの階層により構成されています。たとえば、

```
        www.kindaikagaku.co.jp
           第3レベルドメイン　トップレベルドメイン
   第4レベルドメイン　　　第2レベルドメイン
```

というURLの場合は、トップレベルドメイン、第2レベルドメイン、第3レベルドメイン、第4レベルドメインの4つの階層で構成されています。

　ドメイン（domain）とは、範囲や領域といった意味の言葉で、ネットワークの分野では、インターネットやイントラネット上で、図6.5に示すように、サーバを中心としたPCをグループ化した領域を指します。そして、図中のkindaikagaku、osaka-seikei、co、acやjpのそれぞれ、またはそれらの組合せをドメイン名と呼び、このドメイン名により、インターネット上のそれぞれの領域を識別します。

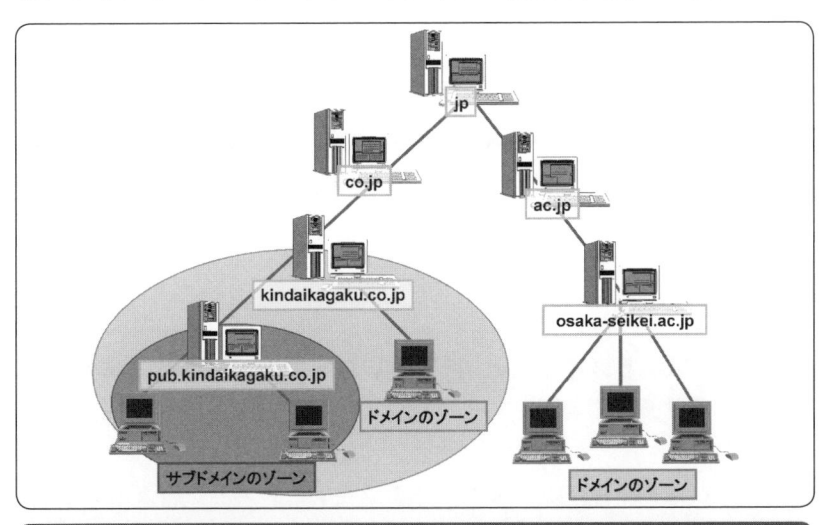

図6.5　ドメインのイメージ

　トップレベルドメイン（**TLD**：Top Level Domain）は、日本：jp、中国：cn、ドイツ：de、フランス：fr、韓国：kr、イギリス：ukといった国別のドメイン（国コードトップレベルドメイン、**ccTLD**：country code TLD）を示しています。ただし、アメリカ合衆国の場合はccTDLを使わないで、インターネットが始まった当初から使っ

---

ccTLD（国別コードトップレベルドメイン）に.jpがついているドメイン名（JPドメイン）の登録・管理は、JPNICより運用の委託を受けた株式会社日本レジストリサービス（略称JPRS）が行っています。

ていた com や net などの分野別から始まるドメイン（分野別トップレベルドメイン、**gTLD**：generic TLD）を使っているため、国別のドメインを付けないのが一般的です。

第 2 レベルドメインは、日本（jp）の場合、

大学：ac、企業：co、学校：ed、政府：go、ネットワーク管理：ne、団体：or

などの組織の属性（組織種別型 JP ドメイン）を示します。

第 3 レベルドメインには、一般的に、先の kindaikagaku（（株）近代科学社）や osaka-seikei（大阪成蹊大学）といった会社名や学校名に対応するドメイン名を示します。ドメイン名は、特定のドメインを識別するための名称なので、各組織が勝手にドメイン名を付けることはできません。ドメイン名を全世界的に一元管理するために **ICANN**（The Internet Corporation for Assigned Names and Numbers、アイキャン）という民間の非営利法人の組織が、1998 年に設立されました。日本での JP ドメインは、ICANN の傘下にある JPNIC（Japan Network Information Center、社団法人日本ネットワークインフォメーションセンター）が管理しているので、日本でのドメイン名を取得するためには、JPNIC に申請する必要があります。

> アメリカ合衆国の ccTDL としては us がありますが、ほとんど使われておらず、com（商業組織用）や net（ネットワーク用）などから始まる gTDL が使われています。

> 第 4 レベルドメイン以降は、一般的に、各組織内のドメインなので、それぞれの組織内で重複の無い名前を自由に付けることができます。

> 各レベルのドメイン名は、図 6.5 に示すように階層的な構造となっているので、この構造のことを**ドメインツリー**といいます。また、ドメイン名で限定される範囲のことを、**ネームスペース**（名前空間）といいます。

B DNS

> ● DNS は、ドメイン名と IP アドレスを関連づける仕組みを実現するサーバである。

Web の URL や電子メールのアドレスでは、ドメイン名（ホスト名）を使って通信を行います。しかし、インターネット上で通信を行う仕組みとしては IP アドレスを使っています。ということは、インターネット上で通信を行うためには、ドメイン名と IP アドレスを関連づける仕組み（**名前解決**という）が必要となります。この仕組みを実現するサーバが、**DNS**（Domain Name System）と呼ばれるサーバ（**DNS サーバ**）です。

ドメインを取得した後、それをインターネットで公開するためには、

> ホスト名から IP アドレスを得る仕組みのことを、名前を解決するものという意味からリゾルバ（resolver）ということがあります。

そのドメイン名とIPアドレスを関連づける情報をもつDNSサーバを、インターネットに接続する必要があります。接続されたDNSサーバは、図6.5に示したように階層的に構成されます。

ここで、図6.6に示すように、あるPCがpub.kindaikagaku.co.jpというドメインに属するPCに対して電子メールを送るとしましょう。このとき、このドメイン名に対するIPアドレスが分からない場合は、図に示すような①〜④の問い合わせを行います。

① ドメイン名pub.kindaikagaku.co.jpのIPアドレスを知りたいPCは、まずは、自分が所属するDNSサーバに問い合わせます。

② 所属するDNSサーバがそのドメイン名に対するIPアドレスを知らない場合、そのDNSサーバは、ドメイン名pub.kindaikagaku.co.jpのトップレベルドメインを管理するjpのDNSサーバに問い合わせます。

③ jpのDNSサーバも知らない場合は、次に、ドメイン名pub.kindaikagaku.co.jpの第2レベルドメインを管理するco.jpのDNSサーバに問い合わせます。

④ co.jpのDNSサーバも知らない場合は、次に、ドメイン名pub.kindaikagaku.co.jpの第3レベルドメインを管理するkindaikagaku.co.jpのDNSサーバに問い合わせます。ここまで

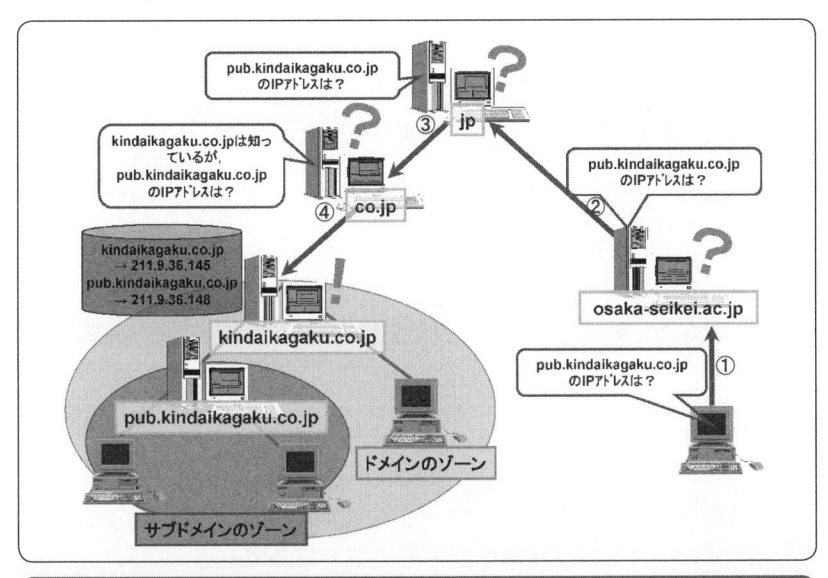

図6.6 DNSサーバによる名前解決の様子（前半）

来れば、pub.kindaikagaku.co.jp は kindaikagaku.co.jp のサブドメインなので、当然、そのIPアドレスを知っています。

ドメイン名に対応するIPアドレスが分かった場合は、次に、図6.7の⑤〜⑧に示すように、図6.6の逆ルートで知り得たIPアドレスの情報を、最初に尋ねたPCまで戻します。これにより、PCはドメイン名をIPアドレスに置き換えてあて先に通信することができます。このとき、それぞれのDNSサーバは、今回知り得たドメイン名とIPアドレスの関係づけの情報を、それぞれのデータベースに記録します。この情報の学習により、それ以降のDNSへの問い合わせ回数を少なくすることができます。

ドメイン名からIPアドレスを求めるこの一連の動作を、**正引き**（せいひき、forward lookup）といいます。逆に、IPアドレスよりドメイン名を調べることがあります。このときの検索動作を**逆引き**（reverse lookup）といいます。

> 一般に、逆引きが行われることは余りありません。例えば、逆引きは迷惑メールを送ってきたサーバを突き止めるといった場合などに、利用することができます。

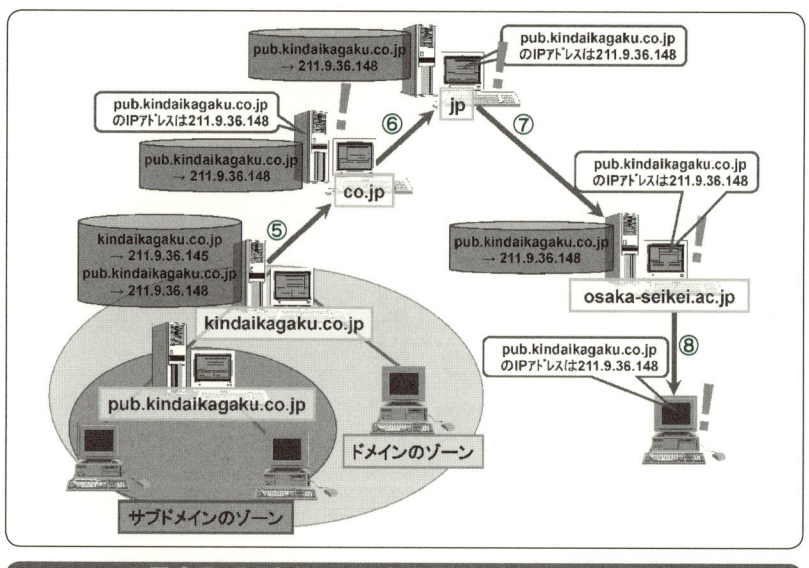

図6.7　DNSサーバによる名前解決の様子（後半）

C　DHCP

● DHCPは、PCがネットワークに接続されたとき、自動的にIPアドレスを割り振る仕組みのプロトコルである。

6.2 IPアドレスに関連するサービス

　図 6.8 は OS（Windows Vista の例）でのネットワーク設定画面で、その中に「IP アドレスを自動的に取得する」と書かれたラジオボタンがあります。PC（ホスト）をネットワークに接続する場合、IP アドレスを自動で取得する方法と手動で設定する方法があります。後者の手動で行う方法とは、それぞれの PC に固定の IP アドレスを割り付ける場合で、この場合は、図 6.8 の設定画面の「次の IP アドレスを使う」を選び、特定の IP アドレスを直接書き込みます。しかし、現在、企業や学校では、前者の自動で IP アドレスを取得する方法が多く採用されています。なぜなら、間違って IP アドレスを入力してしまいネットワークに参加できないといった事故の回避や、PC の移動などによる IP アドレスの変更といった設定作業の手間を省くことができるからです。

家庭で ISP（プロバイダ）と契約してインターネットを行う場合に設定するブロードバンドルータには、一般的に、この DHCP の機能を備えています。したがって、家の PC をインターネットに接続する場合のネットワーク設定では、IP アドレスの自動取得にすることが一般的です。

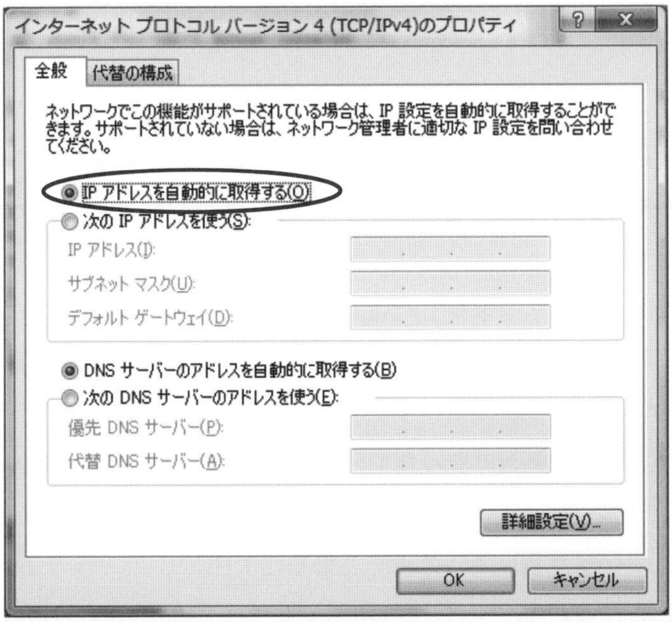

図 6.8　IP アドレスの取得画面

　IP アドレスを自動的に取得する方法を実現するためには、図 6.9 に示すように、**DHCP**（Dynamic Host Configuration Protocol）サーバとそのプロトコルである DHCP を利用します。DHCP サーバは、図のように、各 PC に割り当てることのできる IP アドレスのリストを

もっています。

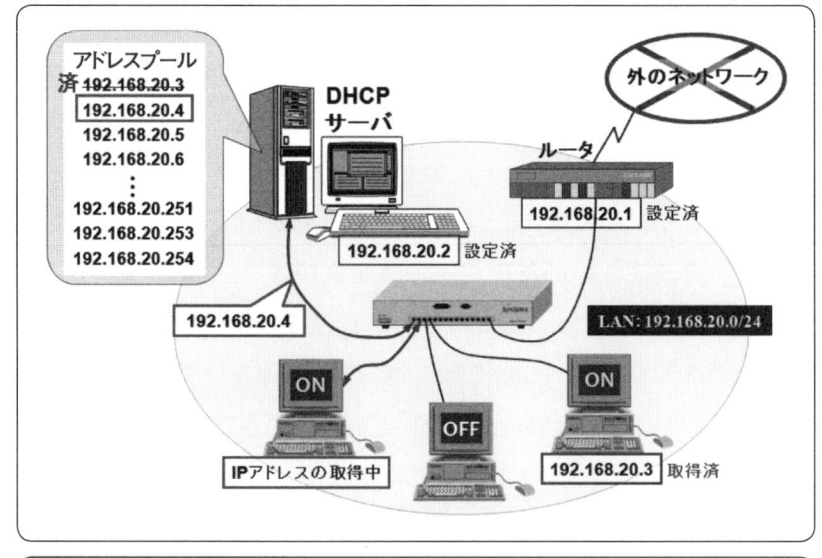

図6.9　DHCPを使ったIPアドレスの取得の様子

　IPアドレスの自動取得という設定になっているPC（DHCPクライアント）は、PCが起動し、ネットワークに参加する時点で、次のような手順でDHCPサーバにIPアドレスを要求し、IPアドレスを取得します。

① IPアドレスを取得したいDHCPクライアントは、ブロードキャストアドレスを使ってIPアドレスの取得を要求する情報を送ります。

② ①の要求を受け取ったDHCPサーバは、IPアドレスのリスト（アドレスプールと呼ぶ）より、空いているIPアドレスを取り出し、そのアドレスの情報を要求したDHCPクライアントに返します。このとき与えられるIPアドレスは、恒久的なものではなく、一時的に貸し出す（リース）という方法をとっています。さらには、貸出の時間は30分といったような時間制限（リース時間）もあります。

③ ②を受け取ったDHCPクライアントは、その値を設定した後、受け取ったIPアドレスを使って通信を行います。ただ、リース時間が過ぎると、再度DHCPサーバに対して、新たなIPアドレ

DHCPサーバは、IPアドレスを貸し出すとき、貸し出したDHCPクライアントのMACアドレスを管理します。これにより、どのPCにどのIPアドレスを貸し出したかを確認することができきます。

スの取得を行う必要があります。

　以上のようにDHCPを使うことで、IPアドレスを柔軟に運用することができます。最近では、無線LANとノートパソコンを使って、PCを会社のどこに移動してもネットワークを利用できる環境が求められており、特に、このようなときにDHCPは有効な手段となります。

この章のまとめ

1. HTTPは、Webクライアントの要求により、WebサーバがWebページを送信するためのプロトコルである。URLは、インターネット上に点在するWebページなどの情報資源の所在地を示す情報である。

2. SMTPはメールサーバ間でメールの送受信を行うプロトコルであり、POP3とIMAPはメールクライアントがメールサーバから自分のメールを取り出すプロトコルである。電子メールはASCIIコードのテキストしか扱えないが、MIMEの書式によって、各種データをASCIIコードの値に変換して送ることができる。

3. HTTPやSMTP以外で、通信サービスを行う代表的なプロトコルには、ファイルの転送を行うFTP、遠隔地のサーバを操作するTelnet、遠隔地にあるプログラム部品を利用するためのSOAPなどがある。

4. ドメインは、インターネットやイントラネット上での、サーバを中心にPC等をグループ化した領域である。インターネットのドメイン名を全世界的に一元管理する組織がICANNで、日本のドメイン名は、JPNICが管理している。

5. DNSは、ドメイン名とIPアドレスを関連づける仕組みを実現するサーバである。

6. DHCPは、ホストがネットワークに接続されたとき、自動的にIPアドレスを割り振る仕組みのプロトコルである。

練習問題

問題1　HTTP、SMTP と POP の各プロトコルの役割について簡単に説明しなさい。また、HTTP と SMTP の通信で使われる場所や相手を特定する情報の名称を答えなさい。

問題2　ASCII コードのテキストしか扱えない電子メールで、写真や音声などの各種データを ASCII コードの値に変換して送る書式の名称を答えなさい。

問題3　日本の国を示すトップレベルドメインと、大学、企業や政府機関を示す第2レベルドメインの記号をそれぞれ答えなさい。

問題4　インターネットで利用されるドメイン名を全世界的に管理している機関と日本のドメインを管理している機関の名称をそれぞれ答えなさい。

問題5　DNS の正引きとは、どのような処理であるかを簡単に説明しなさい。

問題6　DHCP が使われる代表的な用途を一つあげ、簡単に説明しなさい。

第 7 章
ネットワークを管理する

学生：アプリケーション層の話まで終わったので、これでネットワークについてはすべて学んだということですか？

先生：残念でした！
ネットワークの話はまだまだ尽きません。今回は、さらに実践的で面白い話に入っていきます。

学生：えー…（ちょっとガッカリ）
でも、実践的な内容は役立ちそうですね。

先生：そうです。
今回は、今まで学んだ知識を活かして、実際のネットワークを運用するための基本技術について紹介します。
この学習で、皆さんは、自分の PC の IP アドレスや通信状況を調べることができるようになります。

学生：ほんとですか！
なんか、ちょっと楽しみになってきました。がんばりまーす。

この章で学ぶこと

1 ネットワークの構成管理、障害管理、性能管理について概説できる。
2 ifconfig (ipconfig)、ping、arp、netstat、traceroute (tracert) の各コマンドの使い方を説明できる。
3 ネットワーク機器の監視と SNMP について概説できる。

第 7 章　ネットワークを管理する

7.1　ネットワークの運用と管理について

A　ネットワーク運用管理と構成管理

- ネットワークを快適な環境で利用するために、ネットワーク管理者は構成管理、障害管理、性能管理、設備管理やセキュリティ管理といったネットワーク運用管理を行う。
- ネットワークの構成管理では、ネットワーク構成図などを使って、ネットワークを構成する装置などの要素（物理的構成）と、IPアドレスなどのネットワーク設定に関する要素（論理的構成）を管理する。

ⓐ-①　ネットワーク管理者

　PCがネットワークやインターネットにつながらない場合など、図7.1のようなエラー画面が表示されることがあります。このような画面では、必ず「ネットワーク管理者に、問い合わせください。」といった趣旨の文書が記載されています。**ネットワーク管理者**とは、企業や学校といった組織全体のネットワークを運用および管理している担当者です。ネットワークを快適な環境で利用するためには、この人たちが行っている**ネットワーク運用管理**といった業務が必要です。ネットワーク運用管理の主な管理項目としては、構成管理、障害管理、性能管理、設備管理やセキュリティ管理があり、ここでは、構成管理、障害管理と性能管理について紹介します。

> ISP（インターネットサービスプロバイダ）とは、インターネット快適に利用できるようにネットワーク運用管理を専門に行っている企業といえます。

> 設備管理は、電源や空調といったネットワークの関連機器や設備を管理する業務です。

> セキュリティ管理については、後の9章で取り上げます。

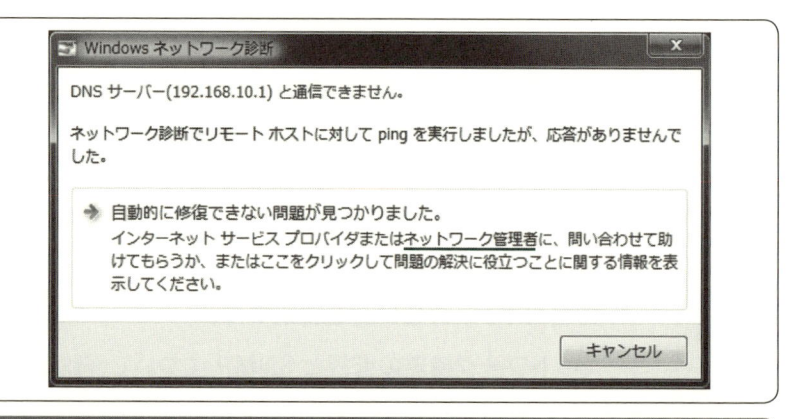

図 7.1　ネットワーク接続のエラー画面例

ⓐ-② 構成管理

構成管理とは、組織のネットワークを構成するすべての機器（ハードウェア）とソフトウェア、および、IP アドレスなどのネットワークの設定情報を一元的に管理することです。一元的に管理することで、ネットワークの設定変更や障害に対処するとき、その影響の範囲を適切に判断して、作業を行うことができます。

構成管理では、ネットワーク構成を視覚的に管理するために、図 7.2 に示すような**ネットワーク構成図**を作成することが一般的です。ネットワーク構成図には、図のように、ネットワークにつながる機器の結び付きの状態を表現し、各機器の IP アドレスやホスト名などを記載することが一般的です。

> ネットワーク構成図の書き方には、特に決まった書き方はありません。

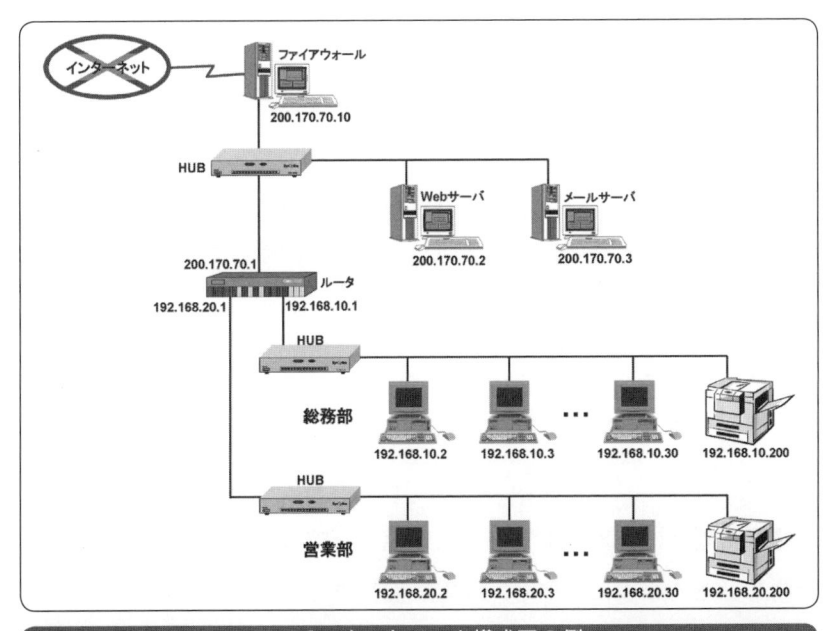

図 7.2　ネットワーク構成図の例

また、ネットワーク構成には、表 7.1 に示すように物理的構成と論理的構成があり、それぞれが管理対象となります。一般的には、ネットワーク構成図のほかに、それぞれの構成要素を一覧表などの表にまとめて管理します。

表 7.1　物理的構成と論理的構成

物理的構成

　物理的構成には、PC（クライアントおよびサーバ）、NIC（ネットワークカード）、ハブやルータといったネットワークを構成する機器やケーブルといったハードウェアと、PCにインストールされているWebブラウザ、Webサーバ、メーラ、メールサーバやOSといったネットワーク関連のソフトウェアなど、ネットワークのすべての構成要素が含まれます。
　この構成管理では、機器のメーカ、機種名、型番や設置場所を一覧表などに整理して記載して台帳を作ります。また、ソフトウェアについては、製品名やバージョンを記載して管理します。特に、ソフトウェアでは、互換性やセキュリティ上の問題が発生したときのために、製品名だけではなくバージョン管理を行っておくことが重要です。

論理的構成

　論理的構成は、PC（クライアントおよびサーバ）、NIC（ネットワークカード）、ハブやルータといった各機器の設定情報です。設定情報としては、IPアドレス、MACアドレス、通信速度、バッファ長やタイマ値[注7-1]などがあります。

注7-1：通信速度は、NICやハブといった機器の通信速度のほかに通信回線の通信速度もあります。バッファ長とタイマ値とは、サーバやルータが一時的に蓄積するネットワーク情報を記憶する領域の大きさや、その情報を記憶している時間の設定値のことです。

機器の状態を管理する方法として、次節で説明するSNMP（Simple Network Management Protocol、簡易ネットワーク管理プロトコル）が使われます。

B　障害管理

- 障害管理とは、ネットワークで発生した障害に対して、その原因を究明し、その原因に対処し、障害を回復させる一連の作業のことである。
- 障害発生時の作業の流れは、障害情報の収集、障害の切り分け、関係者への連絡、障害の切り離し、障害への対応、関係者への連絡、障害の記録となる。

　障害管理とは、ネットワークに発生した障害に対して、その原因を究明し、その原因に対処し、障害を回復させるという一連の作業のことです。また、再発防止のために障害発生から回復までの一連の作業を記録します。さらに、ネットワークの障害を未然に防ぐためにネットワーク機器の状態を定期的に調べ、調べた結果を記録（ログ）する作業や、ヘルプデスクとしてネットワーク利用者の問題や質問に対して答える作業についても障害管理に含まれます。

　ネットワークに障害が発生してから復旧までの作業の流れは、図7.3のようになり、それぞれの作業内容は、次のようになります。

・障害情報の収集：障害が発生した日時と場所、障害の種類や発生

した時の状況などを調べます。
- 障害の切り分け：特定の PC の通信ができなくなったとしても、その PC の故障とは限りません。故障箇所は PC をつなげるケーブルやハブといった可能性もあります。したがって、ここでは、真の故障箇所であるネットワークの構成要素を特定します。
- 関係者への連絡：特定した構成要素を切り離す作業により、影響を受ける利用者に対して、事前にネットワークサービスの中断などの影響について連絡をします。
- 障害の切り離し：障害となっている構成要素をネットワークから切り離します。
- 障害への対応：この段階で、障害の発生箇所である構成要素はつきとめられていますが、障害の原因とその対処方法が分かっていない場合があります。分かっている場合は、その故障を直して復旧します。もし、故障原因が分かっていない場合は、緊急措置として、切り離した機器の代替機を用意して復旧します。
- 関係者への連絡：影響を受けていた利用者に対して、ネットワークが復旧したことを連絡します。
- 障害の記録：一連の復旧措置について記録します。また、再発防止のために、障害が起こった原因を分析して、その対処方法、さらには予防方法について記録します。後日、この記録を運用マニュアルに反映します。

障害の発生
↓
障害情報の収集
↓
障害の切り分け
↓
関係者への連絡
↓
障害の切り離し
↓
障害への対応
↓
関係者への連絡
↓
障害の記録

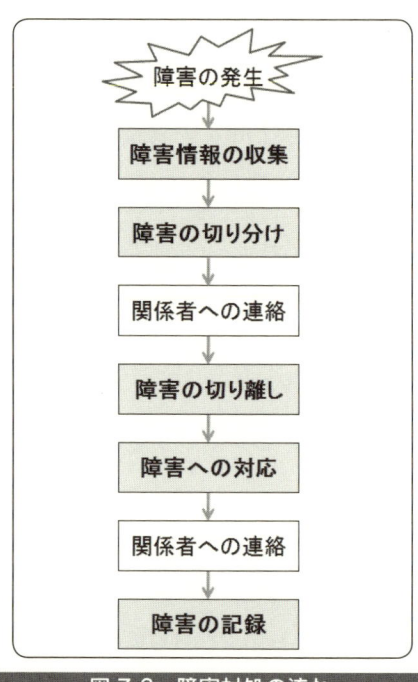

図7.3　障害対処の流れ

C　性能管理

- 性能管理とは、ネットワークの性能を示すトラフィック量、レスポンスタイム（応答時間）や帯域幅の値を測定し、これらの値を一定のレベルに維持するための活動である。
- トラフィック量とは、ネットワーク上を流れる情報量のことであり、単位時間当たりのトラフィック量のことを呼量という。
- レスポンスタイムは、要求を出してから結果が戻ってくるまでの時間のことであり、帯域（幅）は、周波数の範囲のことで、一般にヘルツ（Hz）の単位で示される。

性能管理とは、ネットワークの性能を示すトラフィック量、レスポンスタイム（応答時間）や帯域幅の値を測定し、これらの値を一定のレベルに維持するための活動です。この三つの値の意味を表7.2に示します。

トラフィック量が増大し、回線容量の限界を超えて通信ができなくなる状態を**輻輳**（ふくそう）といいます。輻輳が発生する回数を**輻輳回数**といい、これも性能管理の対象となります。

7.1 ネットワークの運用と管理について

表7.2　トラフィック量、レスポンスタイム、帯域幅

トラフィック量
トラフィック量とは、ネットワーク（伝送路）上を流れる情報量のことであり、1秒間といった単位時間当たりのトラフィック量のことを呼量といいます。また、ネットワークが単位時間当たりに通信できる情報量のことを回線容量（伝送路容量）といいます。性能管理では、呼量を定期的に調べます。その値が、常々回線容量に近い値であった場合、ネットワークが通信できる限界値に近づいていることが分かります。 　トラフィック量、呼量と回線容量の関係は、例えば、6kバイトのトラフィック量に対して、それを5秒以内に送信するといった要求があった場合、呼量は、 　　$6,000 \times 8 \div 5 = 9,600$（bps） という計算により、9.6kビット／秒となります。このとき、呼量と回線容量が等しいと通信に余裕がないので、例えば、呼量が回線容量の60％ぐらいになるようなデータ転送速度のネットワークを考えると、 　　$9,600 \div 0.6 = 16,000$（bps） という計算より、回線容量が1.6kビット／秒となり、このぐらいの性能をもったネットワークが必要ということが分かります。
レスポンスタイム（応答時間）
レスポンスタイムとは、要求を出してから結果が戻ってくるまでの時間のことで、クライアントサーバシステムの場合は、クライアントが要求を発してから、サーバの結果がクライアントに戻ってくるまでの時間となります。
帯域（周波数帯域、帯域幅、バンド幅、Bandwidth）
帯域（幅）は、周波数の範囲のことであり、一般にヘルツ（Hz）の単位で示されます。ディジタル通信の場合、ディジタル信号の周期にビット情報を乗せて伝送するので、帯域幅とデータ転送速度は密接な関係（比例関係）にあります。関係が1対1の場合も多くあり、この場合、帯域幅33MHzのディジタル通信の回線容量は33Mbpsとなります。したがって、帯域幅と回線容量を同じように扱うことがあります。

　性能管理の対象となるものとして、表7.2に示したもの以外としては、通信エラーによる再送回数、輻輳回数、回線利用率、通信機器のCPU使用率やバッファの使用率などがあります。性能管理では、これらの項目について、定期的に測定し、それらの値が、事前に想定した上限値や下限値の範囲に収まっているかを監視します。

　定期的に測定した値はそれを蓄積し、ネットワークの利用環境の改善計画等に反映します。このように、ネットワークを含め、情報システムの通信や処理能力を管理する活動を**キャパシティ管理**といいます。また、情報システムを構築するに当たって、事前に必要となる能力を見積もることを**サイジング**といい、サイジングに従って情報システム

回線容量に対して、実際に使用している単位時間当たりの通信量（呼量）の割合を回線利用率といいます。すなわち、

$$回線使用率 = \frac{回線容量}{呼量}$$

という関係になります。回線使用率が極端に低くても高くても利用として問題となるため、この値も性能管理の対象となります。

注7-2：キャパシティプランニングでは、具体的には次のような一連の活動を行います。
① 導入するシステムの処理量（実行時のトラフィック）や取り扱うデータ量、処理内容を明確にし、これを基にレスポンスタイム（応答時間）やスループットいた性能要件を決定します。
② ①の性能要件からCPUやHDD、ネットワークといったコンピュータ資源の具体的な性能を見積もり、キャパシティプランニングを行います。
③ キャパシティ管理では、キャパシティプランニングに基づいて導入したシステムに対して、サイジングの評価や今後のシステムの拡張の必要性を検討するために、システムの性能を継続的にモニタリング（監視）します。
④ システムの更新時には、モニタリングの結果を考慮し、システム性能の適正化を図ります。

の能力を設計することを**キャパシティプランニング**[注7-2]といいます。

7.2 IPネットワークを調べる方法

A ipconfig、ifconfig

- ifconfig（UNIX）、ipconfig（Windows）は、そのPCのIPアドレスなど、ネットワークの設定情報を調べるためのコマンドである。

ネットワークの障害管理や性能管理を行う場合、ネットワークの状態を診断する方法が必要となります。実は、これらの管理を行うためのプロトコルとプロトコルを使うためのコマンド（処理を指令する命令）が用意されています。代表的なコマンドであるipconfig、ifconfig、ping、arp、netstat tracert、tracerouteと、ICMP、SNMPと呼ばれるプロトコルについて紹介します。

LinuxなどのUNIX系のOSでは、ネットワークの設定情報を調べるためのコマンド**ifconfig**が用意されています。マイクロソフト社のOSであるWindowsには、UNIXのifconfigと同じ役割のコマンド**ipconfig**が用意されています。図7.4は、Windowsのコマンドプロンプトを使って、ipconfigを実行した様子を示しています。図の最初の行「C:¥>ipconfig /all」でコマンドipconfigを入力し、2行目以降にその結果が表示されています。このとき、「/all」を付けないで「C:¥>ipconfig」というように入力すると、基本的なネットワークの設定情報のみが表示されます。

コマンドプロンプトは、Windowsのスタートメニューの中のアクセサリの中に用意されたアプリケーションソフトで、OSをコマンドにより操作するときに利用します。

ipconfigは、IP Configurationの略で、Configurationにはシステムの構成といった意味があります。

コマンドipconfigによって、DHCPより取得したIPアドレスを解放（Release）したり、更新（Renew）をしたりすることができます。それぞれ、次のように入力します。
ipconfig /renew
ipconfig /release

7.2 IP ネットワークを調べる方法

```
コマンドプロンプト
C:¥>ipconfig /all      ←――― コマンド ipconfig の入力

Windows IP 構成

   ホスト名  . . . . . . . . . . . . . : Asai-PC
   プライマリ DNS サフィックス . . . . . : seikei-net.local
   ノード タイプ . . . . . . . . . . . : ハイブリッド
   IP ルーティング有効 . . . . . . . . : いいえ
   WINS プロキシ有効 . . . . . . . . . : いいえ

イーサネット アダプタ ローカル エリア接続:

   接続固有の DNS サフィックス . . . . :
   説明. . . . . . . . . . . . . . . . : Intel(R) PRO/1000 PL Network Connection
   物理アドレス. . . . . . . . . . . . : 00-1C-XX-XX-XX-27
   DHCP 有効 . . . . . . . . . . . . . : はい
   自動構成有効. . . . . . . . . . . . : はい
   IPv6 アドレス . . . . . . . . . . . : 2001::XXXX:XXXX:XXXX:75c3:3af2(優先)
   一時 IPv6 アドレス. . . . . . . . . : 2001::XXXX:XXXX:XXXX:d027:72ea(優先)
   リンクローカル IPv6 アドレス. . . . : fe80::XXXX:XXXX:XXXX:3af2%8(優先)
   IPv4 アドレス . . . . . . . . . . . : 192.168.1.2(優先)
   サブネット マスク . . . . . . . . . : 255.255.255.0
   リース取得. . . . . . . . . . . . . : 2009年10月25日 9:00:38
   リースの有効期限. . . . . . . . . . : 2009年10月25日 13:00:38
   デフォルト ゲートウェイ . . . . . . : fe80::XXXX:XXXX:XXXX:ce1a%8
                                          192.168.1.1
   DHCP サーバー . . . . . . . . . . . : 192.168.1.1
   DNS サーバー. . . . . . . . . . . . : 192.168.1.1
   NetBIOS over TCP/IP . . . . . . . . : 有効
```

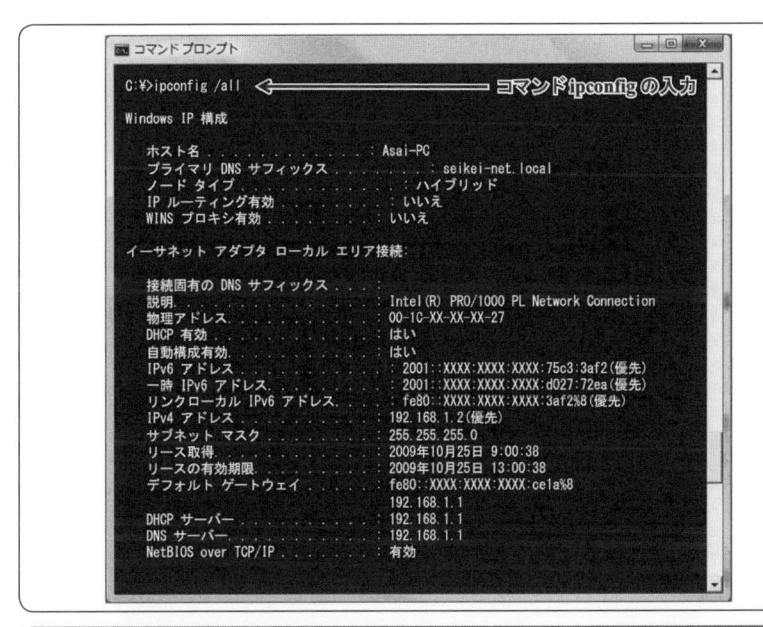

図 7.4　コマンド ipconfig の利用例

注：アドレス情報については情報を隠すため一部 X で表示しています。

注 7-3：Windows は、Windows 同士の PC をネットワークでつなぐための NetBIOS（ネットバイオス）と呼ばれるプロトコルをもっています。このプロトコルは、Windows 同士の PC 間でファイルやプリンタの共有を行うときなどに利用されます。

　図 7.4 に示す「Windows IP 構成」以降に表示されている実行結果は、Windows の OS 固有のネットワーク[注7-3]に関する設定の状況を示しています。図の「イーサネット アダプタ ローカル エリア接続:」以降に、この PC の NIC（LAN カード）の情報や IP アドレスの情報が表示されています。その実行結果は、次のような意味を表しています。

- 接続固有の DNS サフィックス：Windows 固有のネットワーク設定の情報で、NIC が接続されるネットワークにドメイン名が設定されている場合に表示されます。
- 説明：NIC の製品の名称が表示されます。
- 物理アドレス：NIC がもつ MAC アドレスが表示されます。
- DHCP 有効：DHCP を利用しているか否かが表示されます。
- 自動構成有効：Windows が自動で IP アドレスを設定する機能を利用しているか否かが表示されます。この機能が有効（はい）の場合、DHCP で IP アドレスが取得できなかった場合に、Windows が適当な IP アドレスを設定します。
- IPv6 アドレス、一時 IPv6 アドレス、リンクローカル IPv6 アド

図 7.4 の「Windows IP 構成」以下の項目は、NetBIOS に関する設定を示しています。
- ホスト名：PC のネットワーク上での名称です。
- プライマリ DNS サフィックス：PC が参加しているネットワークの名前、すなわちドメイン名を表示しています。
- ノード タイプ：NeBIOS でつながるネットワークのホストの名前を調べる方式を表示しています。ブロードキャストやピアツーピアといった方式があります。ハイブリッドはその両方を利用する方式です。
- IP ルーティング有効：IP によるルーティングが有効になっているか否かを表示しています。
- WINS プロキシ有効：WINS（Windows Internet Name Service）と呼ばれる、NetBIOS での名前解決を行うサーバが有効であるか否かを表示しています。

レス：PCには三つのIPv6のIPアドレスが設定されます。固定的に設定されているIPアドレス、PC起動時などに変更される一時的に割り当てられるIPアドレスと、外部のネットワークでは利用できないローカルなIPアドレスの三つが設定されており、それが表示されます。

- IPv4アドレス：PCに設定されているIPv4のIPアドレスが表示されます。
- サブネット マスク：設定されているIPv4のIPアドレスに対するサブネットマスクの値が表示されます。
- リース取得、リースの有効期限：IPアドレスをDHCPより取得した日時とその有効期限が表示されます。
- デフォルト ゲートウェイ：ゲートウェイとして設定されているIPアドレス（IPv6とIPv4）が表示されます。
- DHCPサーバー、DNSサーバー：PCが利用するDHCPサーバーとDNSサーバーのIPアドレスが表示されます。
- NetBIOS over TCP/IP：Windows専用のネットワークプロトコル（NetBIOS）とTCP/IPの両方を利用できるようにするか否かが表示されます。

B　ICMP

● **ICMPは、ネットワークの動作状況を監視する目的のプロトコルである。このプロトコルを利用する場合、pingやtracerouteといったコマンドを利用する。**

ⓑ-① ping

ICMP（Internet Control Message Protocol、インターネット制御通知プロトコル）とは、ネットワークの動作状況を監視する目的のプロトコルで、ネットワーク層[注7-4]のプロトコルです。このプロトコルを利用する場合は、pingやtraceroute（Windowsではtracert）といったコマンドが利用されます。

図7.5は、コマンド**ping**（ピング）を実行した様子を示しています。

注7-4：正確には、ネットワーク層より上位層のプロトコルですが、ネットワーク層のプロトコルのように振る舞います。

図の最初の行「C:¥>ping 202.218.13.187」でコマンド ping を入力し、2 行目以降にその結果が表示されています。コマンド ping は、指定した IP アドレスのホストとつながっているかを確認する目的のコマンドで、図の例では、この PC が IP アドレス 202.218.13.187 のホストとつながっているかを調べた結果を表示しています。IP アドレスの変わりに「C:¥>ping www.kindaikagaku.co.jp」といったようにホスト名を書いて調べることもできます。

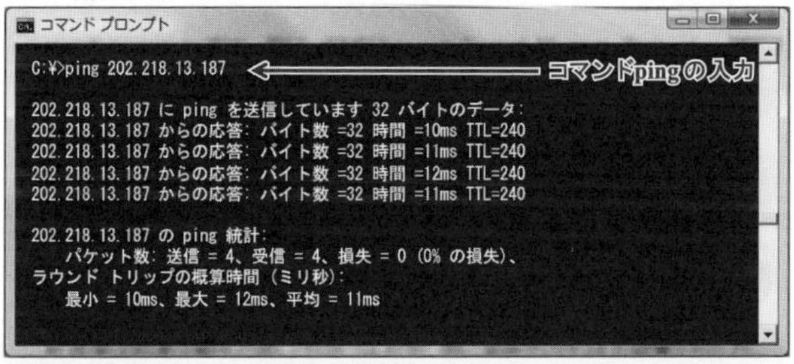

図 7.5 コマンド ping の利用例

図 7.5 の「202.218.13.187 に ping を送信しています 32 バイトのデータ:」以降の行に、IP アドレス 202.218.13.187 のホストとの接続結果が表示されています。

202.218.13.187 からの応答:バイト数= 32 時間= 10ms TTL = 240 といった表示が 4 回繰り返されています。この表示から、32 バイトの大きさのパケットを送ったところ、送信してから受信するまでに 10 ミリ秒かかったことが分かります。**TTL**（Time To Liv）は、到達するまでに何個のルータを通ったかというホップ数を示しており、実際には、ある初期値（128 や 255 など）よりホップ数を引いた値が表示されます。この例では、初期値が 255 なので、240 より 15 のルータを通ったことが分かります。

図の「202.218.13.187 の ping 統計:」以降の行には、上記の 4 回のパケットの通信状況が表示されます。図の例では、4 回の送信（送信＝ 4）に対して、4 回とも受信（受信＝ 4）が成功し、失敗は 0 回（損失＝ 0）であった事を示しています。また、「ラウンド トリップの概算時間（ミリ秒）:」以降の行には、上記の 4 回のパケットの通信時

図 7.5 に示す実行結果は、IP アドレス 192.168.1.1 のホストとの接続が成功した例であり、失敗した場合は、「要求がタイムアウトしました。」と表示されます。

間の状況が表示されます。図の例では、4回の通信時間の最小が10ミリ秒、最大が12ミリ秒、平均が11ミリ秒であったことが分かります。

❺-② traceroute、tracert

図7.6は、Windowsによりコマンド **tracert**（LinuxなどのUNIX系のOSでは、コマンド **traceroute**）を実行した様子を示しています。図の最初の行「C:¥> tracert 202.218.13.187」でコマンドtracertを入力し、2行目以降にその結果が表示されています。コマンドtracertは、指定したIPアドレスのホストに到達するまでの経路、すなわち、ルーティングによって通過したルータの情報とその数を表示します。図の例では、通過した14のルータの情報と、各ルータのレスポンスタイム（応答時間）を3回測定した結果をそれぞれに示しています。

図7.6 コマンドtracertの利用例

❻ arp, netstat

- コマンドarpは、プロトコルARPを使って、そのPCにHUBなどを通して直接つながっているノード（PC）のIPアドレスとMACアドレスを記録したARPテーブルの情報を表示する。
- コマンドnetstatは、そのPCのTCPやUDPによるコネクションの状態を表示する。

ⓒ-① arp

コマンド **arp** は、第 3 章で紹介したプロトコル ARP を使って、現在の PC の NIC に HUB などを通して直接つながっているノード（PC）の IP アドレスと MAC アドレスを記録した **ARP テーブル** の情報を表示するコマンドです。図 7.7 は、コマンド arp を実行した様子で、最初の行「C:¥>arp -a」はコマンド arp の入力で、2 行目以降にその結果が表示されています。

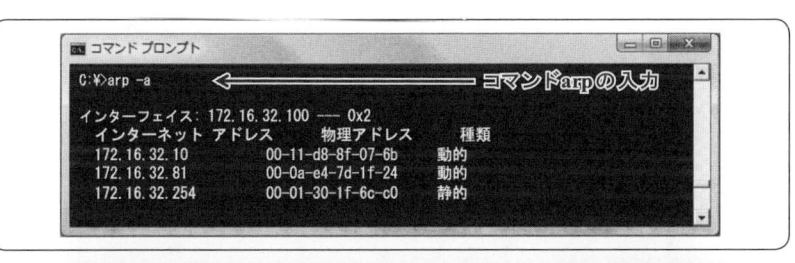

図 7.7　コマンド arp の利用例

> コマンド arp には、「arp -a」以外に、「arp –s IP アドレス MAC アドレス」、「arp –d IP アドレス」といった使い方があり、前者は、ARP テーブルに指定した IP アドレスと MAC アドレスの情報を追加し、後者は該当する IP アドレスとその MAC アドレスの情報を ARP テーブルより削除します。

図 7.7 の例では、IP アドレス 172.16.32.100 が設定された NIC につながっているノードは三つあり、それぞれの IP アドレス（インターネットアドレス）と MAC アドレス（物理アドレス）が表示されています。種類の箇所に表示された動的（dynamic）は一定時間が過ぎると削除される情報（定期的に更新される情報）である事を示しており、静的（static）は固定的に設定された情報で削除されない情報であることを示しています。

ⓒ-② netstat

コマンド **netstat** は、この PC の TCP や UDP によるコネクションの状態を表示します。図 7.8 は、netstat を実行した様子で、最初の行「C:¥>netstat -a」はコマンド netstat の入力で、2 行目以降に、その結果が表示されています。

図 7.8 に表示されたプロトコルには、TCP と UDP の 2 種類があることが分かります。ローカルアドレスには、0.0.0.0、127.0.0.1 と 192.168.1.2 の 3 種類の IP アドレスがあり、IP アドレスの後ろには、コロン（:）の後にポート番号が付いています。0.0.0.0 に付いたポート番号は、そのポートが任意の IP アドレスからの通信を待ち受けて

> コマンド netstat には、「netstat -a」以外に、次のような使い方があります。
> ・netstat–s：TCP、UDP、ICMP といったプロトコル毎での通信状況を表す統計情報を表示します。
> ・netstat –e：NIC 毎での通信状況を表す統計情報を表示します。

いることを表しています。たとえば、

  TCP 0.0.0.0:135 Asai-PC:0 LISTENING

のポート番号 135 は、**RPC**（Remote Procedure Call、**リモートプロシージャコール**）と呼ばれる遠隔からの処理要求を受け付けるサービスに対応するものであり、このポートが待ち受け状態にあることが分かります。この行に書かれた状態を示す LISTENING という用語は、待ち受けを意味しています。

> ポート番号 135 は、外部からの侵入を許すことになるので、危険性のあるポートとされています。

図 7.8　コマンド netstat の利用例（一部）

127.0.0.1 は、**ローカルループバックアドレス**と呼ばれる特別なアドレスで、自分自身を指す IP アドレスです。自分自身の PC 上のサービスと通信するときに利用されます。例えば、

  TCP 127.0.0.1:6999 Asai-PC:55394 ESTABLISHED
  TCP 127.0.0.1:55394 Asai-PC:6999 ESTABLISHED

の 2 行により、ホスト名が Asai-PC という PC が、自分自身の 6999 と 55394 の二つの番号のポートを使って、コネクションを確立していることが分かります。この二つの行に書かれた状態を示す ESTABLISHED という用語は、コネクションが確立していることを意味しています。

> ローカルループバックアドレスとしては 127.0.0.1 を使うことが一般的です。しかし、実際には IP アドレスの第 1 オクテッドが 127 であれば、127.0.0.1 ～ 127.255.255.254 のいずれの値を使ってもかまいません。

192.168.1.2 は、この PC に設定されている IP アドレスであり、例えば、

　　TCP　　192.168.1.2:55541　204.141.87.16:http　TIME_WAIT

では、この PC が IP アドレス 204.141.87.16 のサーバと http（ポート番号 80）による通信を行っていたことを示しています。このとき、この行に書かれた状態を示す TIME_WAIT という用語は、コネクションの切断準備をしている状態を表しているので、このコネクションが切断間近であることが分かります。

UDP の場合、たとえば、

　　　UDP　　　　0.0.0.0:123　　　　*:*

というように、外部アドレスが「*:*」と書かれている場合は、そのポートが待ち状態であることを表しています。

D　ネットワーク機器の監視

- ネットワーク機器の監視（モニタリング）では、死活の検知、不正侵入の検知、リソースの監視といった管理を行う。
- **SNMP** はネットワーク機器を監視するためのプロトコルで、SNMP マネージャと呼ばれる管理ツールによって利用される。

ネットワーク機器の監視（モニタリング）について、概ね次の三つの管理を行います。

- 死活の検知：対象となるネットワーク機器に定期的に接続し、その応答を確認することで、装置が稼働していることを確認します。先のコマンド ping などが使えます。
- 不正侵入の検知：外部からの不正アクセスがないかなどについて確認します。この監視には、**IDS**（Intrusion Detection System）と呼ばれる侵入検知システムが利用できます。IDS は、例えば ID やパスワードを総当たりで送りつけるといった、不正侵入と思われる通信パターンを識別して警告を発したり、特定の IP アドレスからの通信を止めたりします。
- リソースの監視：ネットワーク機器のダウンを防ぐために、

HDDやメモリの空き容量、CPUやネットワークに対するトラフィックが一定数値を超えていないかなど、その原因となり得る事項を監視します。この監視にSNMPが利用されます。

SNMP（Simple Network Management Protocol）とは、IPネットワーク上のネットワーク機器を監視するためのプロトコルで、SNMPマネージャと呼ばれる管理ツールを使って監視を行います。監視対象となるサーバ、ルータやネットワークプリンタなどのネットワーク機器には、SNMPエージェントという動作状況を報告するソフトを用意し、SNMPマネージャと情報交換を行えるようにします。SNMPエージェントは、MIB（Management Information Base：管理情報領域）という記憶領域を用意し、この領域に機器の動作状態を示す情報を蓄積して、SNMPマネージャの要求があったとき、その情報を送信する仕組みとなっています。

> LinuxにはNet-SNMPと呼ばれるソフトが、Windowsにはtwise labo社製のTWSNMPというソフトとがあり、どちらもフリーソフトとして提供されています。

この章のまとめ

1. ネットワークを快適に利用するために、ネットワーク管理者は構成管理、障害管理、性能管理、設備管理やセキュリティ管理といったネットワーク運用管理を行う。

2. 構成管理では、ネットワーク構成図などを使って、ネットワークの物理的構成と論理的構成を管理する。障害管理では、ネットワークで発生した障害に対して、その原因を究明し、その原因に対処し、障害を回復させる。性能管理では、ネットワークのトラフィック量、レスポンスタイム（応答時間）や帯域幅の値を測定し、これらの値を一定のレベルに維持する。

3. トラフィック量とは、ネットワーク上を流れる情報量のことであり、単位時間当たりのトラフィック量のことを呼量という。レスポンスタイムは、要求を出してから結果が戻ってくるまでの時間のことであり、帯域（幅）は、周波数の範囲のことである。

4. ifconfig（UNIX）、ipconfig（Windows）は、そのPCのIPアドレスなど、ネットワークの設定情報を調べるためのコマンドである。

5. ICMPは、ネットワークの動作状況を監視する目的のプロトコルで、pingやtracerouteといったコマンドを利用する。

6. コマンドarpは、そのPCに直接つながっているノード（PC）のIPアドレスとMACアドレスを記録したARPテーブルの情報を表示する。

7. コマンドnetstatは、そのPCのTCPやUDPによるコネクションの状態を表示する。

8. ネットワーク機器の監視（モニタリング）では、死活の検知、不正侵入の検知、リソースの監視といった管理を行う。この管理のためにプロトコルのSNMPと管理ツールのSNMPマネージャが利用される。

練 習 問 題

問題1 構成管理で管理する二つの構成の名称と、それぞれの構成についてその意味を簡潔に説明しなさい。

問題2 障害管理の作業の流れを、簡潔に述べなさい。

問題3 性能評価の尺度となるトラフィック量、レスポンスタイム、帯域幅のそれぞれの意味を簡潔に説明しなさい。

問題4 コマンド ifconfig と ipconfig の用途を簡潔に説明しなさい。

問題5 コマンド ping と traceroute（tracert）の用途を簡潔に説明しなさい。

問題6 コマンド arp と netstat の用途を簡潔に説明しなさい。

問題7 ネットワーク機器の監視と SNMP について、それぞれ簡潔に説明しなさい。

第8章
情報セキュリティについて

先生：今回からは、ネットワークやコンピュータを安全に利用するための学習を始めます。

学生：ネットワークの安全って、セキュリティのことですか？コンピュータウィルスに関係するような話ですよね。

先生：えー！…（ちょっとビックリ）
よく知っていますね。

学生：先生〜
今時の学生は、高校のときに、情報の授業でそのくらいのことは、みんな習っていますから！

先生：失礼しました。
それでは、その重要性も知っていると思いますので、現在の情報システムを利用するためには避けて通れない、情報セキュリティの学習を始めましょう。
今回は、情報セキュリティ全般の内容を取り上げます。

この章で学ぶこと

1. 情報資産、リスク、脅威と脆弱性の意味とそれらの関係について概説できる。
2. なりすまし、クラッキング、フィッシング詐欺、マルウェア、DoS攻撃、ファイル交換ソフト、SQLインジェクションやクロスサイトスクリプティングについて概説できる。
3. 情報セキュリティマネジメント、リスクマネジメントについて概説できる。

第8章　情報セキュリティについて

8.1 情報資産とそのリスク

A　情報資産のリスク

- 著作物や発明といった知的財産、企画や研究などの社外秘の情報、顧客の個人情報などの守るべき情報を情報資産という。
- リスクは、情報資産に対する破壊、改ざん、紛失といった危険性であり、脅威は、リスクを引き起こす原因であり、脆弱性は、防ぐことのできない脅威である。

ⓐ-①　情報に対する危険性

　図8.1は、コンピュータウィルスに感染したPCの画面の一例です。インターネットなどを通じて、コンピュータウィルスに感染することで、コンピュータが使えなくなったり、データが消去されたりといった色々な問題が発生します。それらの問題の中でも、特に深刻な問題が、PCやサーバの中にあった情報が失われたり、さらには、それらの情報がインターネットを伝わって外部に漏えいしたりといった、コンピュータ内の情報に及ぼされる危害です。ネットワークやコンピュータを利用する場合、このような危険性についての知識とその基本的な対策を知っておく必要があります。

図8.1 は、http://www.obis.co.jp/support/Virus/Virus.html を参照

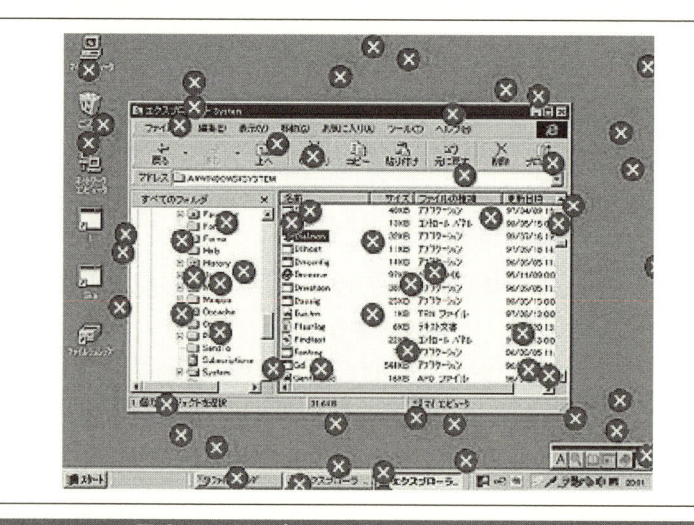

図8.1　コンピュータウィルスの感染画面例

ⓐ-② 情報資産、リスク、脅威、脆弱性

企業は、その活動を行う上で多くの情報を利用しており、この中には破壊、改ざん、紛失といった危険から守らなければならない重要な情報が含まれます。このような、守るべき情報を**情報資産**といいます。たとえば、著作物や発明といった知的財産に関する情報、企画や研究などの社外秘の情報、顧客などの個人情報[注8-1]などが情報資産です。さらに、情報資産には、その情報自体に加えて、その情報を記載した紙、それをPCで利用できるように記録したファイルやデータベースといったディジタルデータ、また、ディジタルデータを格納したHDD、CD-ROMやUSBメモリなどの記憶媒体、さらには、その情報が入ったPCなどの装置なども含まれます。

これらの情報資産を破壊、改ざん、紛失といった危険性（**リスク**、risc）から守る必要があります。それは、たとえば企業が保有する個人情報を紛失などの原因で漏えいしまったら、その企業には、社会的な信頼の損失、業務停止や賠償といった被害が発生し、大きな打撃を受けてしまいます。したがって、情報資産に対するリスクを最小限にする活動が必要であり、そのためには、リスクを引き起こす原因となる**脅威**（threat）と、脅威を防ぐことのできない**脆弱性**（vulnerability）の両面について考える必要があります。

脅威にはコンピュータウィルス、停電や誤操作といったものがあります。ただ、これらの脅威も、図8.2のイメージに示すように、ウィルス対策ソフトが最新のウィルスにも対応できものであれば、それを防ぐことができます。それが、特定のウィルスには対応できないウィルス対策ソフトである場合、その脆弱性によりコンピュータウィルスに感染してしまう可能性が残りなります。したがって、リスクは、情報資産に対する脅威と、脅威に対する脆弱性により発生するので、その関係を式で表すと、

リスク ＝ 情報資産 ＋ 脅威 ＋ 脆弱性[注8-2]

というようになります。

注8-1：**個人情報**とは、生存する個人を特定できる氏名、生年月日や住所などの情報のことを指します。

個人情報を保護する目的で、2005年4月から**個人情報保護法**（正確には「個人情報の保護に関する法律」）が施行されました。この法律には、保有する個人情報の合計件数が5,000件を超える事業者（個人情報取扱事業者）が守るべき次のような事柄が定められています。

・取り扱う個人情報は、その利用目的を特定し、その目的を超えて利用してはいけない。

・個人情報を取得する場合には、利用目的を通知・公表しなければならない。

・コンピュータで利用できるようになっている個人情報（個人データ）を安全に管理し、従業員や委託先も監督しなければならない。

・個人データを本人の同意を得ずに第三者に提供してはならない。

・保有する個人データに対して、本人からの要求があった場合、開示しなければならない。

・保有する個人データの内容が事実と異なるといった理由で本人から訂正や削除を求められた場合、それに応じなければならない。

・個人情報の取扱いに関する苦情を、適切かつ迅速に処理しなければならない。

注8-2：関係式は http://www.yomiuri.co.jp/net/column/security/20050526nt09-3.htm を参照

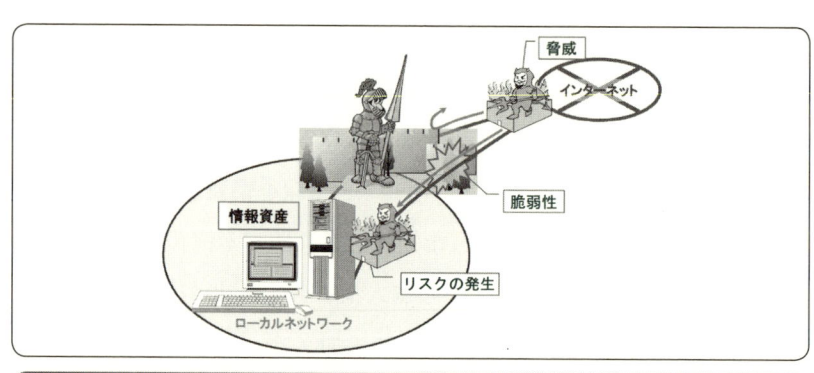

図8.2　情報資産に対するリスク、脅威と脆弱性の関係

B　人的、物理的脅威と脆弱性

- 人的脅威には、人的なミス、怠慢や油断、内部の犯行などがある。
- 物理的脅威には、天災、機器の故障、侵入者による機器の破壊などがある。

❶-①　人的脅威と人的脆弱性

　情報資産に対する脅威の種類には、人によって直接起こされる人的脅威、災害や機械の故障といったことにより発生する物理的脅威、情報システムなどを介して起こる技術的脅威の三つがあります。そして、これら三つの脅威に対し、それぞれ人的脆弱性、物理的脆弱性、技術的脆弱性があります。

　人的脅威には、

① 思い込みよる誤操作やうっかりによる操作ミスといった人的なミス（**ヒューマンエラー**）、
② セキュリティに関するルールを守らないといった怠慢や油断、
③ 社内の人間が、悪意などにより故意に情報を盗むといった内部犯

といった種類があります。そして、これらの脅威に対して、たとえば、人的脅威の①の場合、担当者の体調不良、疲労、過剰な仕事量、操作に関する理解不足や操作マニュアルなどの誤解を招く記述といったものが人的脆弱性となりえます。

企業がもつ個人情報には、顧客情報や社員情報といったものがあり、これは情報資産になります。個人情報については、個人情報保護法により守られ、個人情報の管理方法については、**JIS Q 15001** により「個人情報保護マネジメントシステム―要求事項」として標準化されています。
企業等の組織において、個人情報保護法及び JIS Q 15001 に沿って、組織がもつ個人情報が適切に保護されているかを、第三者機関が認証するために一般財団法人日本情報経済社会推進協会が創設した制度に**プライバシーマーク制度**があります。

プライバシーマーク
注：上記マークは、一般財団法人日本情報経済社会推進協会（http://privacymark.jp/privacy_mark/guidance/index.html）を参照

人的脅威の②と③については、組織の人に対する管理体制の不備から起こることが多くあります。たとえば、②では、ルールを守らせるための教育が行われていなかったり、守らなかったときの処罰といったことが徹底されていないといった管理体制の場合、発生する可能性が高くなります。また、③では、社内の人間であれば誰でも容易に情報資産を持ち出せたり、持ち出しても誰が持ち出したが記録に残らないといったような管理体制の場合、容易に内部犯行を行うことが可能となります。

　また、悪意をもった人間が、パスワードの入力操作を横から盗み見たり、管理者などになりすまして電話をかけ、本人からパスワードなどの情報を聞き出したりといった、人のちょっとした隙をねらってID（identification、利用者識別）やパスワードなどの重要な情報を盗む**ソーシャルエンジニアリング**と呼ばれる社会的な手口もあります。このような人的脅威については、知らないことが人的脆弱性になってしまうので、注意を喚起するような啓蒙が必要になります。

❻-② 物理的脅威と物理的脆弱性

　物理的脅威には、
① 火災、地震や落雷（特に停電）などの天災、
② 機器の故障（天災以外）や紛失、
③ 侵入者による機器の破壊や盗難

といった種類があります。そして、これらの脅威に対しては、物理的脅威の①の場合、コンピュータや関連機器に対する耐震・耐火に対する不備や、落雷で発生する停電やサージ電流[注8-3]に対する不備といったものが**物理的脆弱性**となりえます。

　物理的脅威の②については、機器の故障への対策の不備が脆弱性となります。すなわち、機器の故障はいつかは起こりうることなので、機器のメンテナンスを定期的に行う、耐用年数がくる前に更新する、機器の冗長化[注8-4]を図るといったことが必要であり、これらを実施していないことが脆弱性となります。また、機器やケーブルの設置場所が悪く、人がぶつかったり引っかけたりして破損する、ノートPCやUSBメモリなどの携帯できる機器などを紛失するといった設置方法

注8-3：**サージ電流**とは瞬間的に発生した非常に高い電流のことで、落雷が原因で起こることが多くあります。この電流により、電子機器に故障が発生することがあるため、サージ電流対策のあるテーブルタップを利用すると良いとされています。

注8-4：**冗長化**とは、故障に備えるために、機器などの予備を用意することです。

の不備や貸出管理の不備も脆弱性となります。

物理的脅威の③については、情報機器が設置されているビル、部屋やキャビネットに対する管理の不備が脆弱性となります。すなわち、鍵のかけ忘れといった施錠管理の不備や、誰がその部屋に入ったか分からないといったような入退室管理の不備が、物理的脆弱性となります。

C 技術的脅威と脆弱性

> ● 技術的脅威は、インターネットやコンピュータなどの技術的な手段による情報の不正入手、破壊や改ざんといったものである。
> ● 技術的脅威には、不正アクセス、盗聴、DoS 攻撃、コンピュータウィルスといった種類がある。
> ● セキュリティホールは、OS やアプリケーションソフトのバグや仕様上の欠陥など、セキュリティ上の弱点となるものである。

技術的脅威とは、インターネットやコンピュータに対する技術的な手段を使って不正に情報資産を入手したり、破壊や改ざんを行うといった脅威で、この多くの行為は**コンピュータ犯罪**に含まれます。技術的脅威となる代表的な種類には、

① 不正アクセス（なりすまし、クラッキング）、
② 盗聴（フィッシング詐欺、スパイウェア）、
③ DoS 攻撃（サービス妨害）、
④ コンピュータウィルス

といったものがあり、これらは、次の表 8.1 に示すような、悪意をもった者により起こされる手口により発生します。

表 8.1 技術的脅威となる代表的な手口

なりすまし
他人の ID やパスワードを盗用して、その人になりすまし、本人しか見ることのできない情報を盗んだり、悪意のある内容のメールをその人が書いたようにして出したりといった行為のことです。

クラッキング^{注8-5}	
	インターネットを通じて ID やパスワードにより接続することのできる企業などのサーバに対して、ID とパスワードをランダムに発生させるなどして、その企業のサーバに進入し、データを盗んだり、プログラムを破壊したりといった悪意のある行為を行うことです。
フィッシング詐欺	
	Web を使った取引を行う店や金融機関などの Web ページそっくりのページを作っておき、店や金融機関を装ったメールを送って、その偽装したページに誘導し、そのページに利用者が入力した ID、パスワード、クレジットカード番号や暗証番号を盗み出すというといった詐欺行為のことです。「釣る」といった手口から、その意味を表す「fishing」を語源とする名前で呼ばれます。
マルウェア（malware）	
	マルウェアとは、次の三つのプログラムのように、悪意をもって作られたプログラムを指す言葉で、「悪の」という意味の mal とソフトウェアの ware を併せてマルウェアと呼びます。 ・コンピュータウィルス：特定のプログラムにくっ付いて PC に被害をもたらす寄生プログラムのことで、特定のプログラムが実行されることで自分の複製を勝手に作り、それがインターネットなどを介して他の PC に広がります。 ・ワーム：コンピュータウィルスとよく似ていますが、ワームは独立したプログラムで、自分自身で増殖する機能をもって他の PC に広がります。 ・スパイウェア：Web ブラウザの拡張機能などと勘違いしてインストールしてしまうと、その PC 内の情報を特定の PC に送信しだすといったプログラムです。特に、その一つに、キーロガーと呼ばれるプログラムがあり、これを誤ってインストールしてしまうと、キーボードにより入力する情報がすべて盗まれてしまう可能があります。
ファイル交換ソフトウェア（ファイル共有ソフトウェア）	
	同種のファイル交換ソフトウェアをインストールした PC 同士が、一時的にインターネット上で専用の通信経路を構築し、その経路を使ってファイルを共有し、必要なファイルのやりとりを行うことを可能にするソフトウェアのことで、Winny や Share といったソフトウェアが有名です。この種のソフトウェアを使うことで、不特定な PC とファイルを共有する事ができるため、暴露型ウィルスと呼ばれるコンピュータウィルスに感染する危険性が高く、これにより情報資産がインターネット上に流失するといった事故が多く発生しています。また、誤操作により、交換してはいけないファイルまで転送してしまうといった事故も発生します。
BOT（ボット）	
	インターネット上を自立的に動き、人に代わって（たとえば Web 上の情報を自動的に収集するといった）作業をするプログラムをロボットプログラムといい、その略称が BOT です。このプログラム技術を悪用して作ったコンピュータウィルスがあり、これに感染すると、悪意をもって感染させた者が、感染した PC に対して BOT を操って攻撃を加えることができるといったソフトウェアです。

注8-5：クラッキングのことを**ハッキング**という言葉で表現する場合もあります。本来、ハッキングはネットワークやプログラムを解析するといった行為全般を指す言葉なので、悪意のある行為の場合には、それと区別するためにクラッキングを使う方が正確です。

第8章　情報セキュリティについて

注8-6：Webアプリケーションは、Webブラウザから入力されたデータをWebサーバが受取ると、Webサーバ上で動作するWebアプリケーションがそのデータを処理して、その結果をWebブラウザにHTMLの形式で返すというものです。Webブラウザの要求により処理を実行させるCGI（Common Gateway Interface）により、Webアプリケーションは実行されます。この一連のシステムのことをWebシステムといいます。

注8-7：SQL（エスキューエル）は、リレーショナルデータベース管理システム（RDBMS）に対して、データの定義や操作を行うためのデータベース専用の言語です。データベースから特定のデータを取り出す場合にはSELECTという文を使います。

注8-8：簡易なプログラム言語のことを一般にスクリプト言語と呼びます。クロスサイトスクリプティングでは、特に、Webブラウザで実行できるJavaScript、JavaやActiveXコントロールなどのスクリプトが利用されます。

DoS（Denial of Services）攻撃

特定のサーバを狙って、そのサーバをダウン（停止）させたり、サーバが行っているサービスを正当な人が受けづらくさせたりといった攻撃行為です。その方法としては、そのサーバがもつセキュリティホールを狙った攻撃と、そのサーバに大量のサービス要求を送り（たとえば、Webサーバなら、多くのPCから一斉に、そのWebページの表示要求を送りつけ）、そのサーバが、それ以外の要求に応えられない程の過剰な処理をさせといった攻撃です。

SQLインジェクション

Webを使ってキーワード検索や商品検索をするページが数多くあります。これらのWebページは、Webページ上のテキストボックスに入力した文字を使って、データベースに記録している情報を調べて表示するといったシステム（Webアプリケーション[注8-6]）です。このようなシステムの場合、入力された文字をSQL[注8-7]のSELECT文の検索条件に挿入（Injection）して、データベースを検索するといった仕組みになっています。

このとき、テキストボックスに、検索するキーワードに続けて、本来想定していなかった、SQLの文法として正しい条件や文が入力されると、データベース管理システムはそれを解釈して、データベース中の表示すべきでない情報まで表示してしまうといった事が発生します。これをSQLインジェクションといいます。この対策としては、IDS（Intrusion Detection System、第7章❺-④参照）などのシステムを使って、不正な文字の検出と防御を行います。

クロスサイトスクリプティング（Cross Site Scripting）

クロスサイトスクリプティングとは、誰もが書き込め、書き込んだ内容をWebで表示する掲示板と呼ばれるソフトウェアなどのWebアプリケーションの脆弱性を利用して、図8.3のような仕組みで悪意をもったプログラムを実行させる手口です。まず、悪意をもった者が、文字列以外にHTMLやスクリプトを記述できるといった脆弱性をもったWebアプリケーションを使って、そこに罠を呼び出すリンクと悪意をもったプログラムを実行するスクリプト[注8-8]を記述します。
①罠を知らないPCが、罠に利用された脆弱性のあるWebアプリケーションのページを表示します。
②罠に利用されたWebページは、罠を仕掛けたWebサーバにリンクされており、これをクリックするとそのWebサーバに飛ぶと同時に、その中に格納された悪意をもったプログラムを実行するように記述されています。
③罠を知らないPCが、②のリンクをクリックすると、悪意をもったプログラムが呼びだされ、そのPCにコンピュータウィルスやスパイウェアなど送り込まれ、危害を受けてしまいます。

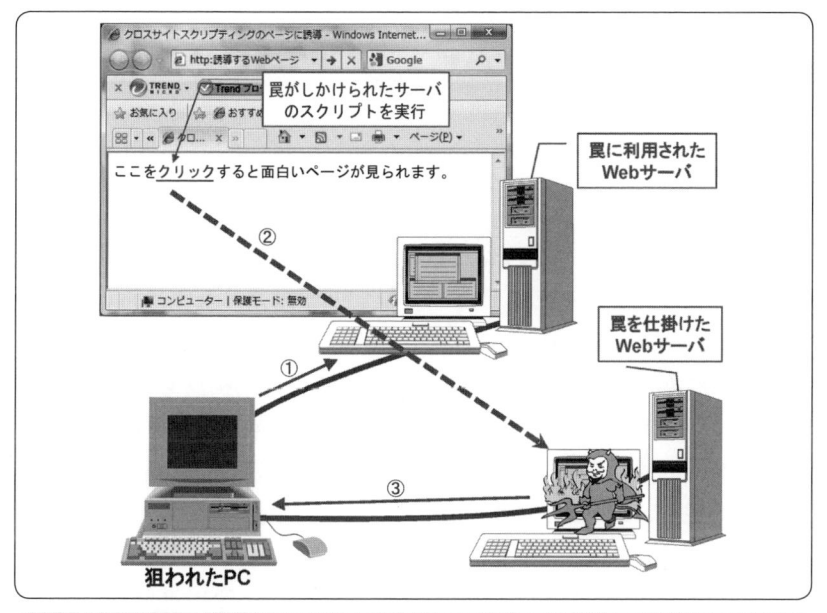

図8.3　クロスサイトスクリプティングのイメージ

　これらに対する**技術的脆弱性**には、不正アクセス、盗聴やコンピュータウィルスの侵入経路となる**セキュリティホール**（security hole）があります。セキュリティホールとは、OSやアプリケーションソフトウェアのバグや仕様上の欠陥により、セキュリティの弱点となるものを指します。たとえば、コンピュータの実行時の動作状況を記憶しているバッファを、ある操作によりそのバッファの内容を書き換えてしまう（バッファオーバーラン）といったソフトウェアのバグや、サーバの侵入されやすいポート番号が開き放しになっているといった通信制御に関する管理不備などがセキュリティホールとなります。SQLインジェクションやクロスサイトスクリプティングも、不用意にSQL文やスクリプト言語を許してしまうというセキュリティホールを突いた手口です。

　また、ウイルス対策ソフトウェアが利用されていなかったり、利用されていても、ウイルスを検出する**パターンファイル**の情報が最新の状態に設定されていないといった不備や、ファイルやフォルダに対する**アクセス制限**を行っていないといったファイル管理に対す不備といったことも脆弱性になります。

8.2 情報セキュリティの考え方と対策

A ISMS

- セキュリティは、リスクとの対比となる事柄である。情報資産や情報システムに対するセキュリティの考え方を体系化したものに ISMS がある。
- ISMS は、情報資産を洗い出し、特定した情報資産に対して、機密性、完全性、利便性の観点から情報セキュリティの基本方針を決め、この基本方針を実現するために守るべき基本ルールを策定し、ルールを実践するという一連の内容を規定している。

ISMS については、ISO により **ISO/IEC 27000 シリーズ**として標準化され、次のような規格が作成及び作成が予定されています。
ISO/IEC 27000；規格についての概要と基本用語集
ISO/IEC 27001：組織を ISMS 認証するための要求事項
ISO/IEC 27002：実践のための規範
ISO/IEC 27003：実装ガイド
ISO/IEC 27004：情報セキュリティの測定
ISO/IEC 27005：情報セキュリティのリスクマネジメント
ISO/IEC 27006：認証/登録プロセスの要求仕様
ISO/IEC 27007：監査の指針（主にマネジメントシステム）
ISO/IEC 27008：監査の指針（主にセキュリティ制御）
ISO/IEC 27011：通信業界への適用に関する手引き
　　　　　　　　　など

　セキュリティ（security）は、リスクとの対比となる事柄で、セキュリティが高ければリスクは低くなり、リスクが高くなればセキュリティは低くなります。したがって、情報資産や情報システムに対するセキュリティを考えるということは、それらに対するリスクを管理し、それが起こりにくくすることと言えます。この考え方を実践的に体系化したものに**情報セキュリティマネジメントシステム**（ISMS：Information Security Management System）があります。

　情報セキュリティマネジメントシステム（ISMS）は、**国際標準化機構**（**ISO**：International Organization for Standardization）によって ISO/IEC 27001、ISO/IEC 27002 として国際的な標準ができており、日本ではそれぞれに対応して **JIS X 27001**、**JIS X 27002** として標準化されています。この ISMS の基本的な考え方は、情報資産について、次の三つの特性をバランスを取りながら維持する活動といわれています。

- **機密性**：利用できるものを限定し、それ以外のものはその情報を利用できないようにする。
- **完全性**：情報が正確なものであり、かつ、その正確さが利用によって損なわれないようにする。
- **可用性**：がんじがらめに管理することで利用できなくなってしまっては情報資産の意味がないので、使いやすさにも配

慮した管理を行う。

　このISMSに従った活動を行う企業に対して、その活動が適正であるかを評価する第三者機関として一般財団法人日本情報経済社会推進協会（jipdec）があり、この機関はISMSを「個別の問題ごとの技術対策の他に、組織のマネジメントとして、自らのリスク評価により必要なセキュリティレベルを決め、プランを持ち、資源配分して、システムを運用すること」であると定義しています。

　すなわち、ISMSでは、まず、その企業がもつ情報資産を洗い出し、特定した情報資産に対して、機密性、完全性、利便性の観点から情報セキュリティの基本方針（**情報セキュリティ基本方針**）を決め、この基本方針を実現するために守るべき基本ルール（**情報セキュリティ対策基準**）を策定します。この二つの基準を**情報セキュリティポリシ**といいます。

　次に、特定した情報資産に対する脅威と脆弱性を洗い出して分析及び評価し、対処すべきリスクに対して具体的な対策（**情報セキュリティ対策手順**）を決めます。そして、この対策を実施するための目標と計画（Plan）を立て、その計画に沿って対策を導入及び運用（Do）し、その運用の監視及び運用結果を評価（Check）し、評価に基づき改善計画を策定して実施（Act）するという、図8.4に示すような**PDCAサイクル**[注8-9]の活動を繰り返します。

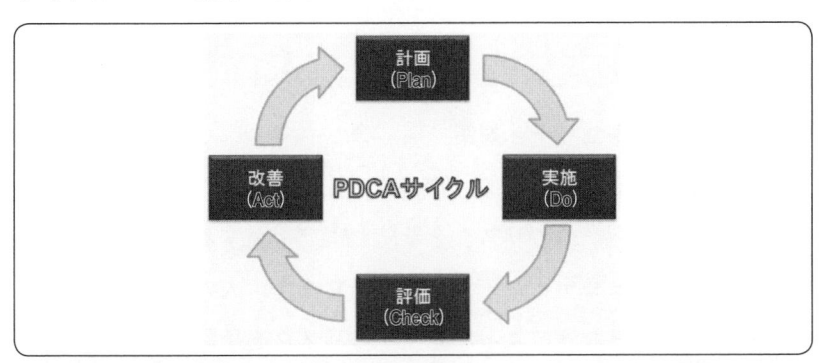

図8.4　PDCAサイクル性の関係

注8-9：PDCA（plan-do-check-act）サイクルは、マネジメントシステムの基本的な活動であり、次のような四つの活動を繰り返し行います。
・Plan（計画）では、実績や予測を基に活動計画を作ります。
・Do（実施）では、計画に沿って運用します。
・Check（点検・評価）では、運用が計画に沿っていたか、予期せぬ不具合がなかったかなどを点検及び評価します。
・Act（処置・改善）では、点検及び評価により分かった問題点に対する改善を行います。

　このISMSの活動の中で、リスクを洗い出して対策を決めるという一連の活動のことを、一般的には、**リスクマネジメント**といいます。

リスクマネジメントには、次の三つの局面があります。

① リスク分析：特定した情報資産に対して、どのような種類のリスクが存在するかを調べ、リスクの特定と識別を行いますし。また、それらのリスクの影響や発生する頻度についても特定します。

② リスクアセスメント（assessment）：情報資産と①で特定したリスクに対して、情報資産価値の評価、脅威の評価、脆弱性の評価を行い、個々のリスクに対して対処するか容認[注8-10]するかを決定します。また、対処するときの優先順位も決めます。

③ リスク対策：②で対処すると判断したリスクに対して対策を決め、リスクが及ぼす損失を防止または軽減するといった**リスクコントロール**を行います。リスクコントロールには、リスク最適化（リスク低減）、リスク回避、リスク転移、リスク保有、リスク分離、リスク集中といった方法[注8-11]があります。

注8-10：リスクを容認するとは、そのリスクが発生しても損失が少ないので対処しないという判断であり、このようなリスクは**残存リスク**と呼ばれます。

注8-11：リスクコントロールの方法については、次のようになります。
リスク最適化：予防により発生する確率を低減し、発生してもすぐに処置できる準備をすることで被害を軽減する。
リスク回避：リスクが発生する原因を排除することで発生をなくす。たとえば、情報資産を電子メールで送受信することを禁止する。
リスク転移：サーバの管理を外部の専門業者に任せたり（アウトソーシング）、損失が発生したときに補てんできるように保険をかけたり（リスクファイナンス）する。
リスク保有：リスクを残存リスクとして容認する。
リスク分離：サーバを冗長化するなど、リスクの原因となるものを分離したり、分散したりする。
リスク集中：リスクの原因を一箇所などに集め、厳重な管理体制下に置く。

B 人的、物理的セキュリティ対策

- 人的セキュリティ対策は、人の無知・無関心やヒューマンエラーなどによって発生するリスクを予防および軽減するための対策。物理的セキュリティ対策は、盗難や破損といったリスクを予防および軽減するための対策。
- アクセス制御は、認証、認可、監査の三つの活動によって行われる。

ⓑ-① 人的セキュリティ対策

情報資産に対しては、人的、物理的、技術的脅威および脆弱性がありました。これら三つのリスクを予防および軽減するために、それぞれに対するセキュリティ対策が必要となります。人の無知・無関心やヒューマンエラーなどによって発生するリスクを予防および軽減するための対策が人的セキュリティ対策であり、盗難や破損といったリスクを予防および軽減するための対策が物理的セキュリティ対策です。

〔情報セキュリティ手順書〕
1．PCの設定に関する規程
（1）PCには、指定のウイルス対策ソフトウェアをインストールし、アップデートについては、自動で行える設定とする。
（2）Webブラウザのセキュリティの設定は初期値のままにせず、JavaアプレットなどのWebブラウザで動作するソフトウェアの制限などを、システム管理者の指定するレベルに設定する。
（3）OSについては、セキュリティホールなどが発見された場合の対策として、自動でアップデートできる設定とする。
（4）担当部門で支給されたアプリケーションソフトウェア以外のソフトウェアをインストールするときには、担当部門長の許可を得る。

図8.5　情報セキュリティ手順書の例（一部）

　人の無知・無関心やヒューマンエラーなどに対処するための代表的な対策としては、情報セキュリティポリシを策定し、これに基づいて図8.5に示すような、情報資産の取扱いに対する具体的な社内規程（情報セキュリティ対策手順書）を設けます。そして、この社内規程を遵守する活動（**コンプライアンス**）が適切に行われるように、従業員に対する教育を行います。

❻-②　物理的セキュリティ対策

　盗難や破損などに対処するための対策に**アクセス制御**があります。情報資源を扱っている装置や媒体がある場所を施錠できる部屋に隔離し、その場所には許されたものしか入れないようにする入退室管理が代表的なアクセス制御です。入退室管理では、鍵、ICカードとICカードリーダ、生体認証（バイオメトリクス認証、図8.6は虹彩認証による装置）装置などを使って行われます。アクセス制御は、**認証**（authentication）、**認可**（authorization）、**監査**（audit）といった三つの活動によって行われます。図8.6の装置には、本人の認証と入退の許可といった機能の他に、いつ誰が入ってきたかといった記録（ログ）を取る機能があり、そのログを確認することで入退状況を監査す

第 8 章 ── 情報セキュリティについて

図8.6は、パナソニック（株）BM-ET200 の写真参照

ることができます。さらに、厳重な管理を行う場合には、部屋の状況を監督、監査するために、監視カメラを設置する場合もあります。

図 8.6 に示す写真の装置は、虹彩認証と呼ばれる装置で、部屋に入退するとき、入る人の黒目の中にあるヒダの模様（虹彩）を調べ、登録している人のものと一致した場合だけ解錠するといったものです。**生体認証装置**は、このように、個々の人で異なる身体的な特徴を利用して識別を行う装置であり、虹彩認証の他に、指紋認証や静脈認証、顔認証などの装置があります。

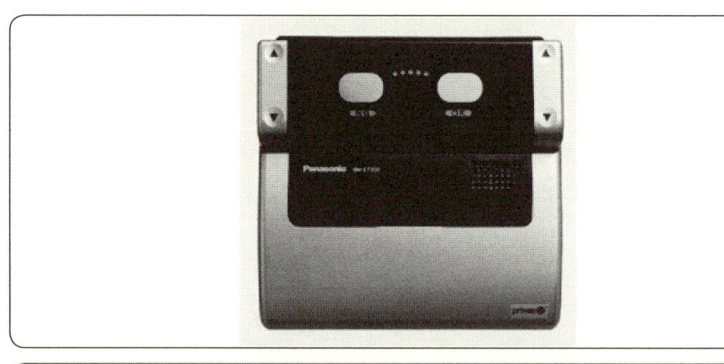

図 8.6 虹彩認証の装置

ノート PC や外付けのハードディスクといった持ち出し可能な装置を盗難から守る方法としては、各装置を机などに固定するセキュリティワイヤが使われます。落雷による災害から守る方法としては、過電流を遮断するサージ電流対策のあるテーブルタップや、停電に備えるためには UPS[注8-12] が利用されます。地震に対しては、建物の耐震構造、装置の転倒や投下防止、火災に対しては、建物の耐火構造、火災報知器や防火設備の設置などの対策が行われます。破損や故障に対する対策としては、装置の冗長化やデータのバックアップといった対策が行われます。

注 8 - 12：UPS (Uninterruptible Power Supply) は、停電などの電源トラブルが発生したとき、内蔵するバッテリによって自動的に一定時間電源を供給する装置です。

C 技術的セキュリティ対策

● 技術的セキュリティ対策には、情報資産へのアクセス権の制限、ID とパスワードによる本人認証、不正ソフトウェア対策、セキュリティホール対策やコンピュータウィルス対策などがある。

C -① アクセス権の制限

技術的な対策の代表的なものとしては、情報資産へのアクセス権の制限（アクセス制御の一つ）、ID とパスワードによる本人認証（アカウント管理）、不正ソフトウェア対策、セキュリティホール対策やコ

ンピュータウィルス対策、そして、ネットワークのセキュリティ対策があります（ネットワークのセキュリティ対策は、次章で取り上げます）。

情報資産の入ったファイル、ディレクトリ（フォルダ）や媒体に対して、アクセスできる人や操作を制限します。図 8.7 は Window のアクセス権の設定画面の例です。この機能により、アクセスできる人やグループ（会社では部署など）の範囲、また、ファイルの読み取り、書き込みといった許可する操作の範囲を制限することができます。

企業では、文書（ファイル）の機密レベルに対して、そのアクセス権を設定するルールを決めて管理しています。

図 8.7 アクセス権の設定画面例

❻-② ID とパスワードの管理

情報システムでは、利用者の本人認証を行う仕組みとして、ID（identifier）とパスワードを組み合わせで行うことが一般的です。ID には、社員番号や学籍番号などの本人を識別できる固有の番号などが

社員が、社外から特定の固定電話や携帯電話を使って会社のネットワークに接続するとき、IDやパスワードにより社員であることが確認できた後、いったん接続を中断し、新たに会社のサーバの方から、その社員が登録している電話番号にかけ直す仕組みを**コールバック**といいます。コールバックすることで、電話番号による本人認証ができるので、より安全といえます。

利用されます。パスワードには、本人しか知らない番号（英数字などを組み合わせた文字列）を使います。パスワードの決め方としては、図8.8のようなルールが適用されます。

〔パスワードの作成ルール〕の例

(1) 本人に関係する情報（電話番号や誕生日）を使わない。

(2) 人名や固有名詞、辞書に載っているような単語を使わない。

(3) 数字や小文字、大文字、記号などを組み合わせて作る。

(4) 8文字以上にする。

(5) 定期的（たとえば、3ヶ月ぐらい）にパスワードを変更する。

(6) 思い出しやすく、忘れにくいもの（自分だけに分かる特定の文字列などの利用）にする。

図8.8　パスワードの作成ルール例

❻-③　コンピュータウイルスなどの対策

コンピュータウイルス対策については、独立行政法人情報処理推進機構（IPA）のセキュリティセンターが次のような7箇条を作り、推進しています。特に、1箇条目のウイルス定義ファイル（**パターンファイル**）を最新にしておくため、パターンファイルの自動更新設定にしておくことが重要です。

パターンファイル（pattern file）：コンピュータウイルスやワームの個々のプログラムを検出するための特徴を収録したファイルで、ウイルス定義ファイルといいます。

① 最新のウイルス定義ファイルに更新しワクチンソフトを活用すること

② メールの添付ファイルは、開く前にウイルス検査を行うこと

③ ダウンロードしたファイルは、使用する前にウイルス検査を行うこと

④ アプリケーションのセキュリティ機能を活用すること

⑤ セキュリティパッチをあてること

⑥ ウイルス感染の兆候を見逃さないこと

⑦ ウイルス感染被害からの復旧のためデータのバックアップを行うこと

また、上記の7箇条にあるように、ウイルスなどのマルウェアに感

染しないためには、アプリケーションソフトのセキュリティホールに対して、それに対処した**セキュリティパッチソフト**をインストールすることが重要です。また、ファイル交換ソフトなどの仕事に必要のないソフトウェア（不正ソフトウェア）のインストールを禁止し、定期的に点検することが必要です。

この章のまとめ

1. 知的財産、社外秘の情報、個人情報などの守るべき情報を情報資産という。リスクは、情報資産に対する破壊、改ざん、紛失といった危険性であり、脅威は、リスクを引き起こす原因であり、脆弱性は、防ぐことのできない脅威である。
2. 人的脅威には、ヒューマンエラー、怠慢や油断、内部の犯行などがある。物理的脅威には、天災、機器の故障、侵入者による機器の破壊などがある。技術的脅威は、インターネットやコンピュータなどの技術的な手段による情報の不正入手、破壊や改ざんといった脅威である。
3. 技術的脅威には、不正アクセス（なりすまし、クラッキング）、盗聴（フィッシング詐欺、スパイウェア）、DoS攻撃（サービス妨害）、コンピュータウィルスといった種類がある。
4. セキュリティホールは、OSやアプリケーションソフトのバグや仕様上の欠陥など、セキュリティ上の弱点となるものである。
5. 情報資産や情報システムに対するセキュリティの考え方を体系化したものにISMSがある。ISMSは、情報資産を洗い出し、特定した情報資産に対して、機密性、完全性、利便性の観点から情報セキュリティ基本方針を決め、これを実現するための情報セキュリティ対策基準を策定し、実践するという一連の活動を規定したものである。
6. 人的セキュリティ対策は人の無知・無関心やヒューマンエラーなどによって発生するリスクを、物理的セキュリティ対策は盗難や破損といったリスクを、予防および軽減するための対策である。技術的セキュリティ対策には、アクセス権の制限、IDとパスワードによるアカウント管理、不正ソフトウェア対策、セキュリティホール対策やコンピュータウィルス対策などがある。
7. アクセス制御は、認証、認可、監査の三つの活動によって行われる。

練習問題

問題1　情報資産、リスク、脅威と脆弱性のそれぞれの意味を、それらの関係が分かるように簡潔に説明しなさい。

問題2　技術的脅威である、なりすまし、クラッキング、フィッシング詐欺、マルウェア、DoS攻撃、ファイル交換ソフト、SQLインジェクション、クロスサイトスクリプティングについて、それぞれ簡潔に説明しなさい。

問題3　情報セキュリティマネジメント（ISMS）について簡潔に説明しなさい。

問題4　人的脅威、物理的脅威、技術的脅威について、それぞれ簡潔に説明しなさい。また、技術的セキュリティ対策として行われる具体的な対策を五つ述べなさい。

第9章
セキュリティ技術について

学生：インターネットやコンピュータは便利で、なくてはならないものになっていますが、その危険性も色々あるんですね。

先生：そうですね。特に、企業では情報資産を守るといった観点でネットワークを考える必要があることを、前回の学習で分かってもらえたと思います。

先生：今回は、脅威の中で、特に、技術的脅威とその対策に着目して学んでいきたいと思います。

学生：大切な話ですね。絶対に知っておかなければいけませんね！

先生：そっ、そうですね…
（余りにも、素直な反応で、ちょっと怖いが、今までの学習の成果が出てきたのかな？）

先生：それでは、その心構えで学習をはじめましょう。

この章で学ぶこと

1. ファイアウォールと、その二つの種類であるパケットフィルタリング型とアプリケーションゲートウェイ型について概説できる。
2. DMZ の目的とその構成について概説できる。
3. 無線 LAN の有効性と問題点が列挙でき、問題点に対する対策については、その種類ごとに概説できる。

9.1 ファイアウォールとDMZ

A ファイアウォール

- ファイアウォールは、社内ネットワークが外部からの不正アクセスや攻撃といったネットワークの脅威を軽減する仕組みである。
- パケットフィルタリング型のファイアウォールは、IP、TCPやUDPのパケットに対して、フィルタリングを行う。アプリケーションゲートウェイ型のファイアウォールは、アプリケーション層のHTTPやFTPに対して、その通信内容を解釈して検査を行う。

ⓐ-① ファイアウォールとは

　電子メールやWebを利用するためには、企業や学校などのローカルネットワークをインターネットとつなぐ必要があります。しかし、インターネットとつなぐということは、社内ネットワークが外部からの不正アクセスや攻撃といったネットワークの脅威にさらされることになります。この外部ネットワークからの脅威を軽減する仕組みに、図9.1に示す**ファイアウォール**（FireWall）があります。

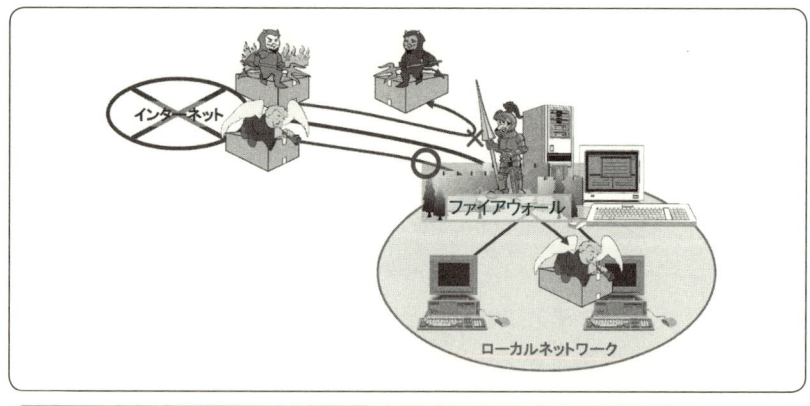

図9.1　ネットワークの脅威とファイアウォール

　ファイアウォールは、図9.1に示すように、インターネットなどの外部ネットワークとローカルネットワークをつなぐ通信の入り口で、パケットを監視し、許可されたパケットだけを通すという仕組みです。

ファイアウォールは、一般的に、図9.2に示すようにインターネットをつなぐルータ[注9-1]とローカルネットワークの間に設置されます。これにより、インターネットとローカルネットワークとの間で通信されるパケットがすべてファイアウォールを通過する仕組みになります。

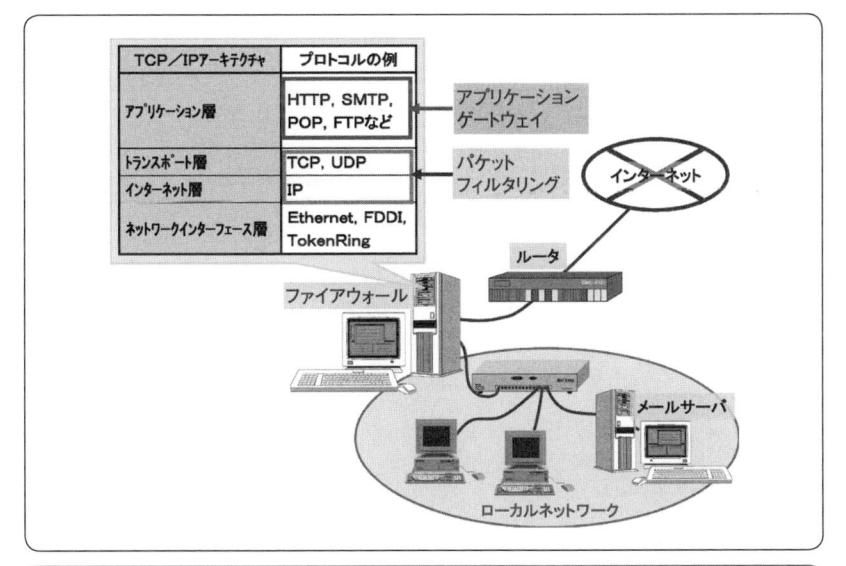

図9.2　ファイアウォールの設置例とその種類

そして、ファイアウォールは、通過するパケットの情報をチェックし、パケットを通すかどうかを判断します。そのチェックの仕方の違いによって、ファイアウォールは幾つかに分類されます。代表的なものとしては、図9.2に示すようにパケットフィルタリング型とアプリケーションゲートウェイ型と呼ばれるものがあります。

ⓐ-② パケットフィルタリング型

パケットフィルタリング型のファイアウォールは、図9.2に示すように、インターネット層（OSI参照モデルのレイヤ3）のプロトコルであるIPとトランスポート層（OSI参照モデルのレイヤ4）のプロトコルであるTCPやUDPのパケットに対して、フィルタリング[注9-2]を行うものです。具体的には、図9.3に示すように、ファイアウォールを通過するパケットの送信元とあて先のIPアドレス及びポート番号をチェックし、許可されているIPアドレスとポート番号のパケットだけを通過させます。

注9-1：ルータには、パケットフィルタリングなどの機能を有している製品があり、ルータをファイアウォールとしても利用でき、一つで構成されることがあります。

注9-2：フィルタリング（filtering）とは、濾過（ろか）の意味で、この分野では、一定の条件に基づいてデータを選別するする仕組みのことを指します。

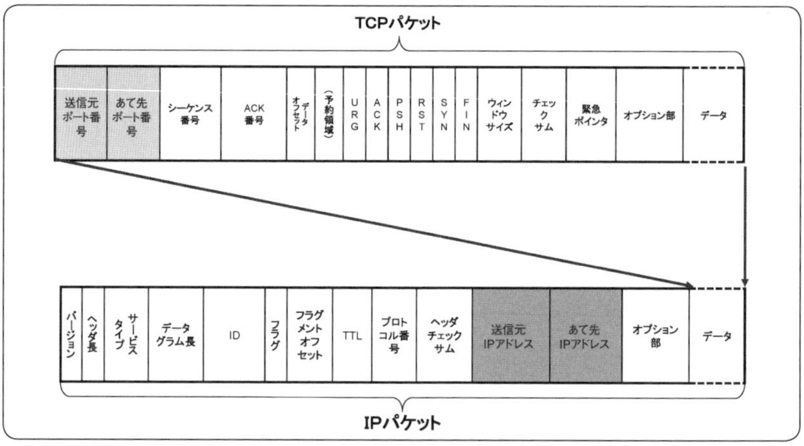

図9.3　IPパケットとTCPパケット

たとえば、インターネットの利用方針として、Webと電子メールだけしか利用しないといった場合、パケットフィルタリング型のファイアウォールに対しては、表9.1のような設定を行います。この場合、内部のメールサーバから外部へポート番号25を使った送信と、外部から内部のメールサーバに送られるポート番号25を使った受信が許可されることで、電子メールの送受信が行えます。また、ポート番号80を使った内部の任意のPCと外部の任意のWebサーバとの送受信が許可されることで、Webを見ることができます。そして、それ以外は、拒否されます。

表9.1　パケットフィルタリング型のファイアウォールの設定例

送信元IPアドレス	あて先IPアドレス	あて先ポート番号	許可／拒否
メールサーバ	任意	25（SMTP）	許可
任意	メールサーバ	25（SMTP）	許可
任意	任意	80（HTTP）	許可
任意	任意	任意	拒否

ⓐ-②　アプリケーションゲートウェイ型

アプリケーションゲートウェイ型のファイアウォールは、図9.2に示すように、HTTPやFTPプロトコルに対して、その通信内容を解釈して検査を行うもので、アプリケーション層で動作するファイアウォールです。このファイアウォールでは、プロキシサーバと呼ばれ

パケットフィルタリングの設定する場合、その会社の**情報セキュリティポリシ**が基になります。情報セキュリティポリシとは、その会社の情報セキュリティに関する取組の基本方針です（8-2参照）。したがって、インターネットの利用範囲なども、このポリシによって決められているので、どのポート番号を許可するのかといったフィルタリングの設定も、この方針に従ったものとなります。

表9.1の例は、スタティック(静的)なパケットフィルタリングの場合です。これに対して、ダイナミック（動的）なパケットフィルタリングがあり、この場合は、内部のネットワークから外部のネットワークに出て行ったパケットに対する応答のパケットだけを内部に通すといったような設定を行います。

アプリケーションゲートウェイ型のファイアウォールは、OSI参照モデルの第7層で動作するので、**レイヤ7ファイアウォール**と呼ばれることがあります。

るサーバが利用されます。プロキシ（Proxy）とは「代理」という意味で、**プロキシサーバ**は、ローカルネットワーク内のPCがインターネット上のWebサーバと通信をするときに、PCに代わって通信を行うサーバです。

図9.4に示すように、例えば、ローカルネットワーク内のPCがインターネット上のWebサーバと通信をするとき、一旦、PCはプロキシサーバのIPアドレス（192.168.100.2）に対して通信を行います。通信を受けたプロキシサーバは、あて先IPアドレスを目的のWebサーバのIPアドレスに変更し、送信元のIPアドレスを自分のIPアドレスに置き換えて通信します。この仕組み[注9-3]によって、ローカルネットワーク内のPCとインターネットの通信は、必ずプロキシサーバを経由することになります。

ところで、プロキシサーバを利用する場合、PC側のネットワークの設定として、図9.4に示すように、プロキシサーバを利用する設定を行う必要があります。図はWindowsの例で、プロキシサーバの利用をチェック（ON）して、プロキシサーバのIPアドレスと通信するときのポート番号（図のようにポート番号の8080を使うことが一般的です）を設定します。これによって、ローカルネットワークのPC

注9-3：プロキシサーバのIPアドレスを変換する仕組みは、NATの機能などが使われる。

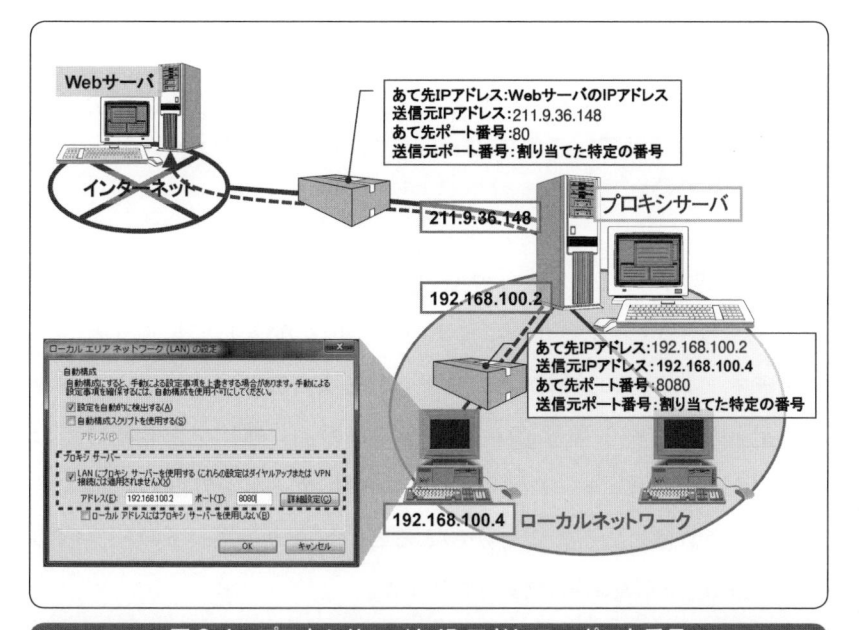

図9.4 プロキシサーバとIPアドレス、ポート番号

から発信されるパケットは、プロキシサーバに自動的に送られるようになります。

　アプリケーションゲートウェイ型のファイアウォールは、ローカルネットワーク内のPCがプロキシサーバを経由してWebサーバにアクセスするためのHTTPプロキシプログラムや、FTPサーバにアクセスするためのFTPプロキシプログラムを用意します。そして、これらのプログラムによって、PCが外部のWebサーバと通信するときには、HTTPプロキシプログラムが自動的に動作して、URLやWebの内容を検査して、その情報を通すか通さないかを判断します。このように、アプリケーションゲートウェイ型のファイアウォールの場合は、情報の中身までもチェックできるので、高い安全性を実現することができます。

　反面、通信する情報の内容までも確認するので、その検査処理が負担となり、通信が遅くなるといったことがあります。また、アプリケーション層のサービスごとに、それらに適したプロキシプログラムを用意する必要があり、全てのサービスに対して最新の状態で対応できないといった状況も発生します。

B DMZ

> ● DMZは、インターネットとローカルネットワークとの間の境界領域のことで、ここには一般にWebサーバやメールサーバが置かれる。

　企業がWebサーバを使ってWebページを公開しているような場合、Webサーバをローカルネットワーク内に配置してしまうと、インターネットからの通信が常に受けられるように、ファイアウォールの設定としてポート番号80（Webサーバの通り道）を常時開けておく必要があります。この場合、もし、Webサーバが外部から進入されて操作されるといったことが起こると、ローカルネットワーク内のPC全てに危険が及ぶ可能性があります。

　だからといって、今度はWebサーバをファイアウォールの外に置

くと、Webサーバは、インターネットからの全ての脅威にさらされることになります。したがって、現在では、インターネットと直接通信をする必要のあるWebサーバ、メールサーバやDNSサーバを、図9.5のような構成で配置することが一般的になっています。図のWebサーバやメールサーバが置かれている領域、すなわち、インターネットとローカルネットワークとの間の領域のことを**DMZ**（demilitarized zone）とか**境界ネットワーク**といいます。

図9.5に示すように、インターネットとDMZ間は、ファイアウォールによってWebサーバやメールサーバの通信に必要なポートだけを通すようにします。ただし、外部からの通信はDMZまでで、その中のローカルネットワーク内には入れないようにします。

> DMZ（demilitarized zone）とは、本来、軍事的な境界線である非武装地帯という意味で、侵入を防ぐ緩衝帯という状況が似ているので、ネットワーク分野でもこの言葉を利用しています。

図9.5　ファイアウォールとDMZの構成

逆に、ローカルネットワークからの通信はDMZまでの範囲で、その外には出られないようにします。この仕組みにより、中からの通信と外からの通信が、直接的につながることはなく、ローカルネットワーク内を安全に保つことができます。このとき、ローカルネットワークのPCが外との通信、例えば、Webページを閲覧するような場合は、プロキシサーバを使うことで解決します。

DMZの構成には、図9.6に示すような1台のファイアウォールに

> 図9.5のような二つのファイアウォールによる構成の場合、インターネット側をフロントファイアウォール、ローカルネット側をバックファイアウォールということがあります。

第9章　セキュリティ技術について

よってインターネット、DMZ とローカルネットワークを構成する方法もあります。この構成の場合、ファイアウォールが三つ叉の接続になっているため、**三脚ファイアウォール**と呼ぶことがあります。

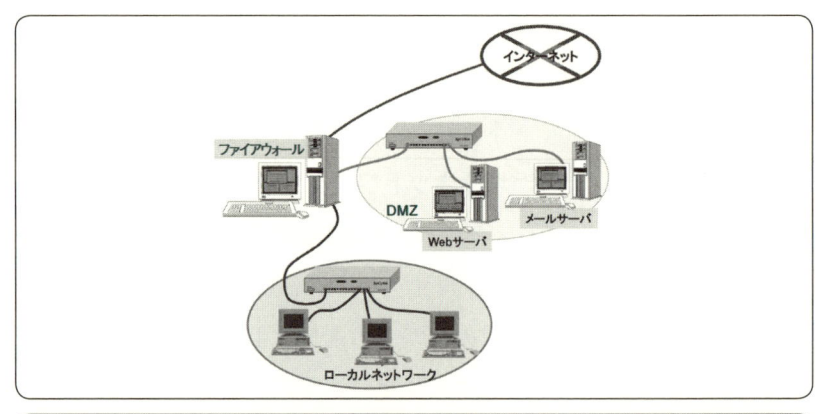

図9.6　三脚ファイアウォールと DMZ

9.2　無線 LAN のセキュリティ

A　無線 LAN

● 無線 LAN の接続のしやすさによって起こる問題に対処するために、接続できる PC を制限するための SSID や MAC アドレスフィルタリング、通信データを暗号化する WEP や WPA といった技術がある。

ⓐ-①　無線 LAN の問題点

ノート PC と無線 LAN[注9-4]を使うことで、PC をどこに移動させてもネットワークを利用できるといったメリットがあります。したがって、企業でのネットワークを構成する場合、フロア内での席の移動を自由に行えるようにする目的で、ノート PC と無線 LAN を使った構成にする場合があります。ただ、その反面、図9.7 に示すように、

①　通信できる範囲（通信エリア）に外部の人が PC-X を持ち込むことで、勝手にネットワークに接続できたり、

注9-4：無線 LAN については、第2章の「ⓐ-④無線 LAN」を参照してください。

② 通信エリアが重なる場所ではPC-Cのようにどちらのアクセスポイントにも接続できたり

といったことが起る可能性があります。

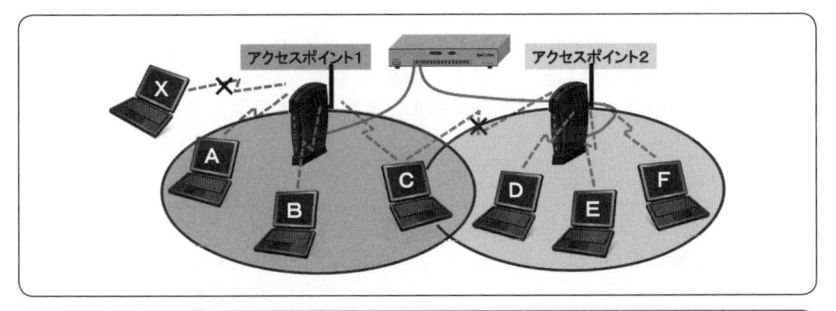

図9.7　ノートPCと無線LANの構成

①の場合は、外部の人が社内のネットワーク内に侵入するといった、非常に危険な問題です。②の場合も、例えば、アクセスポイントごとに部署を分けるというネットワーク構成の場合、他部署のネットワークに侵入できるといった問題が発生します。さらに、一部のアクセスポイントにPCの接続が偏ることで、通信速度が低下するといった問題も発生します。

ⓐ-② 無線LANのセキュリティ機能

無線LANの①や②の問題に対処するために、表9.2に示すSSID、MACアドレスフィルタリング、WEPやWPAといった方法があります。

表9.2　無線LANのセキュリティ等の対策

SSID（Service Set ID）
SSIDは、ネットワークに接続するPCを限定するための方法です。アクセスポイントとPCの両方に、ある特定の文字列を設定し、アクセスポイントはその文字列が一致するPCを認証して通信するという方法です。 ただ、「ANY[注9-5]」という特例の設定が許されているため、PCのSSIDの設定をANYまたは空欄にすることで、全てのアクセスポイントと通信することができてしまいます。したがって、この方法は、部署ごとのネットワークを区別する方法としては使えますが、部外者の侵入を防ぐといった方法としては有効ではありません。

アクセスポイント毎の識別子として利用されるSSIDを、複数のアクセスポイントで構成するネットワークの設定としても使えるよう拡張したESSID（Extended Service Set Identifier）があります。現在ではESSIDが一般的で、これも含めてSSIDと呼んでいることが多いようです。

注9-5：ANYは、だれもといった意味の設定で、空港、駅やファーストフード店などで利用する公衆無線LAN（WiFi）のアクセスサービスを利用する場合に必要となる設定です。

第 9 章　セキュリティ技術について

注 9-6：WEP で使われる共通鍵暗号方式は RC 4 と呼ばれる方法を使っています。RC 4 (Rivest's Cipher 4) は、RSA Security 社の Ron Rivest によって 1987 年に開発された方法です。基本的な考え方は、共通鍵より疑似乱数を発生し、その値を鍵として平文と排他的論理和演算して暗号化し、逆に、暗号文と先の疑似乱数により生成させた鍵と排他論理和演算することで平文に復号する方法です。処理を高速に行えるため、広く利用されています。

注 9-7：共通鍵暗号方式については次章で紹介します。

MAC アドレスフィルタリング

　　MAC アドレスフィルタリングは、各 PC のもつ MAC アドレスの情報を使って、接続できる PC を限定する方法です。事前にアクセスポイントに接続を許可する PC の MAC アドレスを登録し、登録された MAC アドレス以外の PC との通信を許可しないという方法です。
　　ただ、MAC アドレスを偽称する方法もあるので、セキュリティ対策としての脆弱性が残ります。また、事前に MAC アドレスを登録するといった方法なので、PC の構成を変更する都度、設定を変えるといった手間が発生します。

WEP（Wired Equivalent Privacy）

　　WEP は、無線 LAN の通信内容を盗み見されないようにするためにデータの暗号化を行うもので、RC 4[注9-6]と呼ばれる暗号方式を使っています。通信を行うアクセスポイントと PC が、データの暗号化と復号を行うための共通の鍵をもち、暗号化を行う方法（**共通鍵暗号方式**[注9-7]という）です。
　　アクセスポイントと PC の両方で、WEP キーと呼ばれるある特定の文字列で表現される同じ鍵を使います。WEP キーに使う文字数には 5 文字、13 文字（16 文字）があり、これを使って 64 ビットまたは 128 ビットの WEP キーを作ります。ビット数の大き方が解読される可能性が低くなります。ただ、WEP キーは、それを解読する方法が見つかっており、現在では安全な暗号方式ではなくなっています。

WPA（Wi-Fi Protected Access）

　　WPA は、WEP の問題点を改善した無線 LAN の暗号化の方式です。この方式では、WEP で利用されている RC 4 と呼ばれる方式に改良を加えた TKIP（Temporal Key Integrity Protocol）と呼ばれる方式が利用されています。RC 4 では、共通鍵により生成した最初の鍵を通信中常に使うのに対して、TKIP では、一定時間ごとに鍵を生成して、利用する鍵を替えて行くことで解読されづらくするといった工夫がなされています。この WPA は、無線 LAN のセキュリティの規格である IEEE 802.11i に採用されています。

この章のまとめ

1. ファイアウォールは、社内ネットワークが外部からの不正アクセスや攻撃といったネットワークの脅威を軽減する仕組みである。

2. パケットフィルタリング型のファイアウォールは、IP、TCP や UDP のパケットに対して、フィルタリングを行う。アプリケーションゲートウェイ型のファイアウォールは、アプリケーション層の HTTP や FTP に対して、その通信内容を解釈して検査を行う。

3. DMZ は、インターネットとローカルネットワークとの間の境界領域のことで、ここには Web サーバやメールサーバが置かれることが多い。

4. 無線 LAN の接続のしやすさによって起こる問題に対処するために、接続できる PC を制限するための SSID や MAC アドレスフィルタリング、通信データを暗号化する WEP や WPA といった技術がある。

練習問題

問題1 パケットフィルタリング型とアプリケーションゲートウェイ型のファイアウォールについて、それぞれの働きを簡潔に説明しなさい。

問題2 DMZの目的とその構成について簡潔に説明しなさい。

問題3 対策をしていない場合の無線LANついて、その利用上の問題点を二つあげなさい。

問題4 無線LANに関するSSID、MACアドレスフィルタリング、WPAの機能について、それぞれ簡潔に説明しなさい。

第10章
暗号化と認証技術について

先生：皆さんは、Webを使って商品を買ったりしたことがありますか。

生徒：はい。
たまに利用します。本やCDを買ったり、オークションで欲しいものを買ったりします。

先生：そうですね。今では、Webで買い物をすることは、普通になってきていますね。ただ、買い物をするとき、心配に思うことはありませんか。

学生：あります、あります！
一番心配なのは、キャッシュカードの番号や暗証番号を入力するときで、盗まれたらどうしようかと思います。

先生：そうですよね。やはり、インターネットで大切な情報を送るときは心配ですよね。
今回は、そのような危険性を少なくするための暗号化や認証の技術について学びましょう。

生徒：はい。インターネットを使うには、絶対、知っておく必要がありそうですね。

この章で学ぶこと

1. 共通鍵暗号方式と公開鍵暗号方式について概説できる。
2. SSLの仕組みと、SSLに関連する技術について概説できる。
3. PKIを使った電子署名と認証局の仕組みについて概説できる。

第10章　暗号化と認証技術について

10.1 暗号化の技術

A　共通鍵暗号方式

- ある値とある演算を使って平文（読める文書）を読めない状態に変換した文書が暗号文で、この変換に使う値を暗号鍵という。平文を暗号文に変換する処理を暗号化、その逆の処理を復号という。
- 暗号化と復号の処理で同じ暗号鍵を使う方式を共通鍵暗号方式という。この方式で代表的なものに DES がある。

ⓐ-①　暗号化について

　無線 LAN を使った通信では、それを第三者に盗み見される危険性があるため、WEP や WPA といった方式によりデータを暗号化することを前章で紹介しました。実は、インターネット使った通信では、原則、データは暗号化されない状態で通信されており、通信の途中でデータを盗み見される危険性があります。したがって、個人情報などの重要なデータを送る場合には、データを暗号化して通信すると良いとされます。

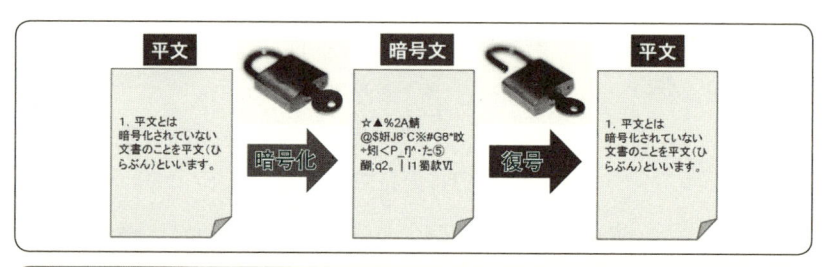

図10.1　暗号化と復号

　暗号化は文書を読めない状態に変換することで、有名な方法に**シーザー暗号**があります。シーザー暗号とは、文字を一定の数だけずらすという方法で、例えば、「かぎ」を五十音順で3文字ずらすと「けご」となり、意味のない文となります。ただ、この文も、3文字ずらしたことを知っている人にとっては、3文字戻すことで元の文に戻すこと

ができます。この一連の操作について、図10.1に示すような用語が使われます。

- **平文**(ひらぶん)：暗号化されていない状態で、普通に読める文書。
- **暗号文**：平文に対して演算などのあるルールを適用して、読めない状態にした文書。
- **暗号化**：平文を暗号文に変換する処理。
- **復号**[注10-1]：暗号文を平文に戻す処理。
- **暗号鍵**(暗号キー)：暗号化及び復号の処理に使う値。単に鍵(キー)と呼ぶこともあります。

注10-1：暗号化に対する処理は復号化ではなく、「復号」というように化が付かないことに注意しましょう。

ⓐ-② 共通鍵暗号方式とDES

　暗号化では、暗号化と復号の処理で同じ暗号鍵を使うことが一般的です。このように同じ鍵を使う暗号化のことを**共通鍵暗号方式**といいます。また、この鍵のことを、特に**共通鍵**といいます。インターネットの通信で利用される共通鍵暗号方式としては、シーザー暗号のように単純なものではなく、DESという暗号化の方式及びその方式を改良したものがよく使われます。

　DES（Data Encryption Standard）は、米IBM社が1970年代に開発した共通鍵暗号方式で、1977年から米国政府の標準の暗号方式として採用されたことで有名になり、普及しました。この方式は、データを64ビット毎の長さのブロックに分割して、各ブロックを56ビットの長さの鍵で暗号化するという方法です。ただ、鍵の長さは、そのビット数が大きいほど数字の組合せが多くなるため、鍵を見破られる可能性が低くなるので、現在では、DESの56ビットより大きい鍵が使われるようになってきています。

DESは、OSのUNIXにログインするときのパスワードがDESを使って暗号化されていることでも有名です。

　DESを改良した**トリプルDES**という方式では、長さ56ビットの三つ鍵K1、K2、K3を使い、まず、平文をK1により暗号化し、この暗号文に対してK2で復号の処理[注10-2]を行い、さらに、この復号した文をK3で暗号化するという3重の処理を行う方式です。この場合、56ビットの長さの鍵を三つ使っているので、168ビットの長さの鍵を使った暗号化と捉えることができます。

　また、DESに代わって米国政府の標準の共通鍵暗号方式として採

トリプルDESでは、K3の鍵にK1と同じ鍵を使う方法もあります。この場合は、鍵の長さが112ビットとなります。

注10-2：K1で暗号化した暗号文を、K1と異なるK2で復号しても共通鍵暗号方式の場合、元の平文に戻るわけではありません。したがって、この処理も、さらに暗号化を行っていると捉えることができます。

用された方式に、AES（Advanced Encryption Standard）がありま
す。AESは、128ビットのブロック毎に暗号化する方式で、鍵の長
さは128ビット、192ビットと256ビットの三つが選択できます。

　ところで、DESのような共通鍵暗号方式を使った通信の場合、一
人の相手、すなわち1対1での通信を行う場合、お互いに同じ鍵をもっ
て、暗号化と復号に使います。1対1の場合、鍵は一つなので管理は
しやすいのですが、この方式でたくさんの人と通信を行おうとすると、
それぞれの人との通信の秘密を守るためには、その人数分の共通鍵が
必要となり、鍵の管理が煩雑となってしまいます。したがって、共通
鍵暗号方式は、多くの人との通信には不向きといえます。

Ｂ　公開鍵暗号方式

- 公開鍵暗号方式は、暗号化と復号で別の鍵を使う方式で、一方の鍵（公開鍵）をインターネット上などに公開し、もう一方の鍵（秘密鍵）を知られないように管理する方法である。
- 公開鍵暗号方式の代表的な方式に RSA がある。

❽-①　公開鍵と秘密鍵

　一人の人が多数の人と暗号通信を行う場合に向いている暗号方式
に、**公開鍵暗号方式**があります。この方式は、図10.2 に示すように、
二つの鍵（図ではAとB）を使う方法です。この二つの鍵は、図の
①に示すように鍵Aで暗号化した場合は鍵Bでしか復号できません。
逆に、図の②に示すように鍵Bで暗号化した場合は鍵Aでしか復号
できません。このように、この二つの鍵は、一方で暗号化すると、も
う一方でしか復号できないという特性をもっています。

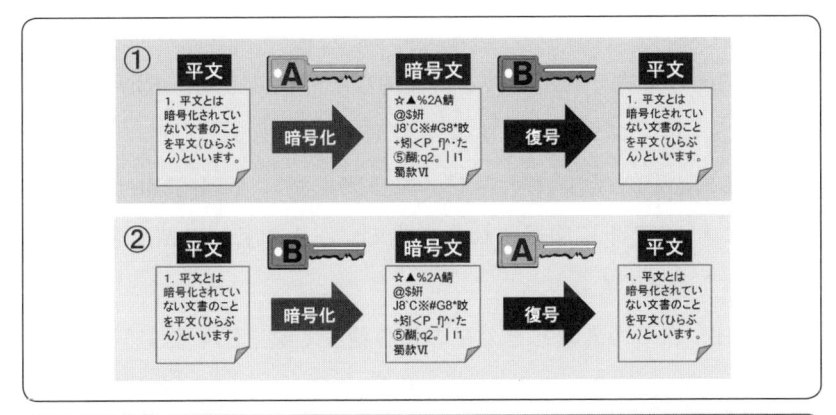

図 10.2　公開鍵暗号方式の鍵の特性

　公開鍵暗号方式では、この鍵の特性を使って、図10.3に示すような利用がされています。図のKさんが不特定多数の人と暗号化による通信を行いたいとき、自分の持つ一方の鍵をインターネット上に公開します。この鍵のことを**公開鍵**といいます。そして、もう一方の鍵を誰にも知られないように管理します。この鍵を**秘密鍵**といいます。

　Kさんと暗号化による通信が行いたいMさんは、インターネット上に公開されているKさんの公開鍵を入手して、その鍵で暗号化してKさんに送ります。それを受け取ったKさんは自分だけが持つ秘密鍵で復号することで、Mさんが送ってきた情報を見ることができます。Kさんの公開鍵で暗号化された情報は、Kさんだけが持つ秘密鍵でしか復号できないので、この方法を使うことで、Kさんは、Mさんに限らず誰とでも暗号化による通信を行うことができます。

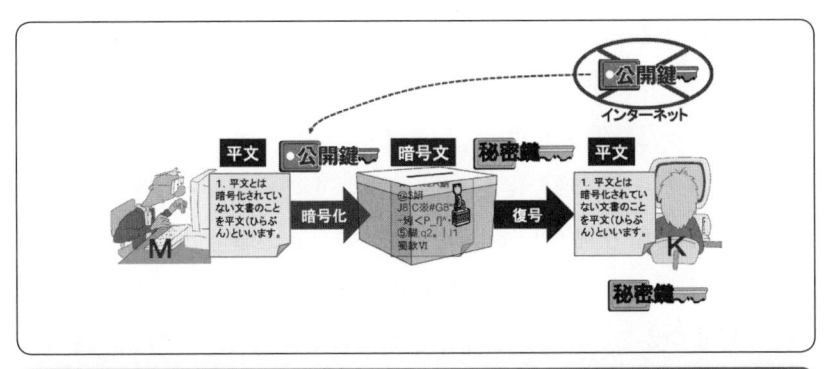

図 10.3　公開鍵暗号方式の仕組み

公開鍵暗号方式は、ディフィー（Whitfield Diffie）とヘルマン（Martin E. Hellman）によって1976年に考案されました。

ⓑ-② RSA

公開鍵暗号方式で利用される代表的な暗号化の方式に **RSA** があります。RSA は、ロナルド・リベスト（Ron Rivest）、アディ・シャミア（Adi Shamir）とレオナルド・エーデルマン（Len Adleman）の三人により 1977 年に開発された方式で、三人の名前の頭文字をとって名付けられました。

RSA は、二つの素数とその積の値を使って鍵を作ります。例えば、二つの素数が 3 と 5 の場合、その積は 15 です。このとき、暗号化する前の値が 7 であったとすると、これをべき乗して 15（3 と 5 の積）で割った余りを求めます。次の①〜⑨は、7^1〜7^9 の値を 15 で割った余りを求めたものです。

① $7^1 = 7$ を 15 で割った余りは 7
② $7^2 = 49$ を 15 で割った余りは 4
③ $7^3 = 343$ を 15 で割った余りは 13
④ $7^4 = 2,401$ を 15 で割った余りは 1
⑤ $7^5 = 16,807$ を 15 で割った余りは 7
⑥ $7^6 = 117,649$ を 15 で割った余りは 4
⑦ $7^7 = 823,543$ を 15 で割った余りは 13
⑧ $7^8 = 5,764,801$ を 15 で割った余りは 1
⑨ $7^9 = 40,353,607$ を 15 で割った余りは 7

このとき、⑨の結果が暗号化する前の値と同じ 7 となっています。実は、最初に決めた二つの素数から 1 を引いた値の積に 1 をたした値、この例では（3 − 1）×（5 − 1）＋ 1 ＝ 9 であり、この値でべき乗したときの余り、すなわち、7 を 9 乗したときの余りが、暗号前の値に戻るといった特性が分かっています。

この性質を使った暗号化が RSA です。上の例を使って「3 乗して 15 で割る」を暗号鍵としましょう。このとき、暗号化の結果は③の 13 となります。これを復号する場合、9 乗すると元に戻ることが分かっていますから、暗号化により、すでに 3 乗しているので、さらに 3 乗すれば 9 乗したことになります。したがって、復号は「さらに 3 乗して 15 で割る」[注10-3] ことで元の値を求めることができます。実際、

注 10-3：例を簡単にするために小さい値で行ったので、この例では、偶然、暗号鍵と復号鍵が同じになっていますが、実際には、二つの素数にはもっと大きな値を使うので、暗号鍵と復号鍵が同じ値になることは希です。
RSA の考え方を詳しく知るには、次の Web ページが参考になります。
http://www.maitou.gr.jp/rsa/

$13^3 = 2{,}197$ を 15 で割った余りは 7 となります。

このとき、復号鍵を求めるためには、二つの素数の値を知っている必要があるため、これを知らないで暗号を解くことは難しいとされ、RSA は安全性の高い方式と考えられています。

C SSL

- SSL は、トランスポート層とアプリケーション層との間で動作する暗号化プロトコルであり、アプリケーション層の HTTP などのプロトコルは、SSL を意識することなく利用できる。
- HTTPS は、HTTP の通信に SSL を使って暗号通信する方法である。

公開鍵暗号方式は、インターネットでの通信、特に、インターネットを使った取引などで広く使われおり、この方式を利用する基盤を提供する仕組みのことを、**PKI**（Public Key Infrastructure、**公開鍵暗号基盤**）といいます。PKI を使ったインターネットでの暗号化の通信プロトコルに **SSL**（Secure Socket Layer）があります。SSL は、米 Netscape Communications 社が開発し、その後、RFC が SSL を改良して **TLS**（Transport Layer Security）という名称で規格化されましたが、現在でも SSL という名称[注10-4]の方が広く使われています。

RFC（Request for Comments）は、IETF（Internet Engineering Task Force）による技術仕様を公開及び維持する方式のことです。日本語では「コメント募集」という意味であり、IETF で検討した技術仕様を公開して、それに対する意見を募集する仕組みのことを表しています。RFC によって、通信に関するプロトコルやファイルフォーマットが規定され、公開されています。

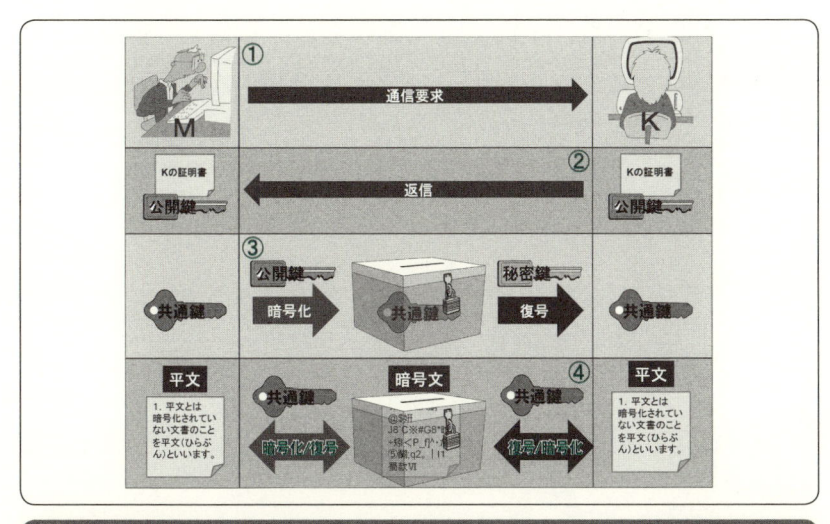

注 10-4：本書は、現在の TLS を含めて SSL という総称で説明することにします。

図 10.4　SSL を使った暗号通信の手順

図10.4に示す仕組みがSSLを使った通信の手順です。この手順は、SSLサーバ（TLSサーバ）によって、実現されます。図の例では、Mさんが、SSLサーバを運用するKさんに対して通信する手順を示しています。

① Mさんは、Kさんに通信の開始を要求します。

② Kさんは、自分の証明書と公開鍵をMさんに送ります。

③ Kの証明書と公開鍵を受け取ったMさんは、以降の通信で利用する共通鍵を作り、共通鍵をKさんの公開鍵で暗号化して送ります。

④ 受け取った暗号化された共通鍵を、Kさんは自分の秘密鍵で復号し、復号した共通鍵を使って、Mさんとの通信を開始します。

以降の通信では、お互いに共通鍵[注10-5]を使って通信を行います。

SSLは、トランスポート層（OSI参照モデルでは第4層）とアプリケーション層（OSI参照モデルでは第5層のセッション層）との間で動作するプロトコルです。したがって、HTTPやFTPなどのアプリケーション層のプロトコルは、その下位でSSLが機能するので、Webブラウザなどのアプリケーションソフトは、その仕組みを意識することなく利用することができます。

Webを使った取引などでは、**HTTPS**（Hypertext Transfer Protocol over Secure Socket Layer、HTTP over SSL）が使われています。HTTPSは、HTTPによる通信をSSLを使って暗号化して通信する方法のことで、この方法を使った通信の場合、図10.5にしますように、URLの表示が「HTTPS://～」となり、また、ブラウザの画面に南京錠のマークが表示されます。

注10-5：SSLで実際のデータをやりとりする場合には、共通鍵を使った共通鍵暗号方式が利用されます。これは、暗号化と復号の処理が、公開鍵暗号方式よりも共通鍵暗号方式の方が高速に行えるためです。共通鍵暗号方式では、RC4、トリプルDSEやASEなどの方式が利用されます。

HTTPSで利用される標準的なポート番号は443です。

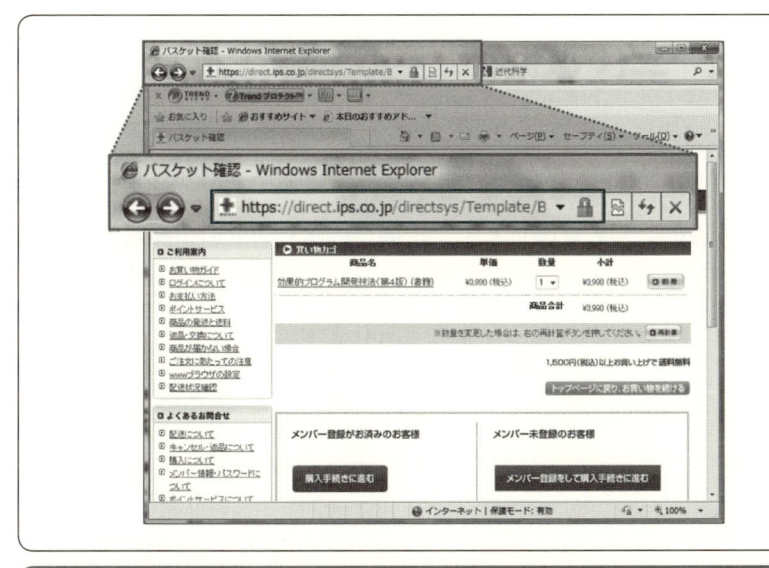

図 10.5　HTTPS を使った Web ブラウザーでの表示例

　ところで、SSL の他でよく使われる暗号通信の方式に、**SSH**（Secure Shell）があります。サーバを遠隔地の PC から操作するプロトコルに Telnet があります。しかし、Telnet は、PC とサーバ間の通信が暗号化されていません。したがって、これに代わり、現在では、暗号通信を使ってサーバの遠隔操作が行える SSH が利用されています。

10.2　認証の技術

A　なりすましと電子署名

- 電子署名は、文書を変換して作成したハッシュ値と公開鍵を組み合わせたものであり、これによって送られてきた文書が改竄されていないかを確認する仕組みである。

ⓐ-①　なりすましと改竄

　SSL を使った暗号化による通信を行うことで、インターネット上で通信内容を盗み見される危険性は減少します。ただ、**なりすまし**やデータの**改竄**といった危険性が残っています。図 10.6 の①に示すように、

「なりすまし」については、第 8 章の表 8.1 を参照。

Mさんが K さんに対して通信要求を行った後、②で K さんは M さんに K の証明書と公開鍵を送ります。このとき、図10.6に示すように、この二人の通信を傍受していた悪意の第三者 N がおり、本来は②で M さんに直接通信する K の証明書と公開鍵を③から④のように横取りして、K の証明書を改竄して、K の公開鍵を自分の公開鍵とすり替えて送ったりしたら、その後の M さんの通信は、K さんと思いこんで、N との通信になってしまう可能性があります。

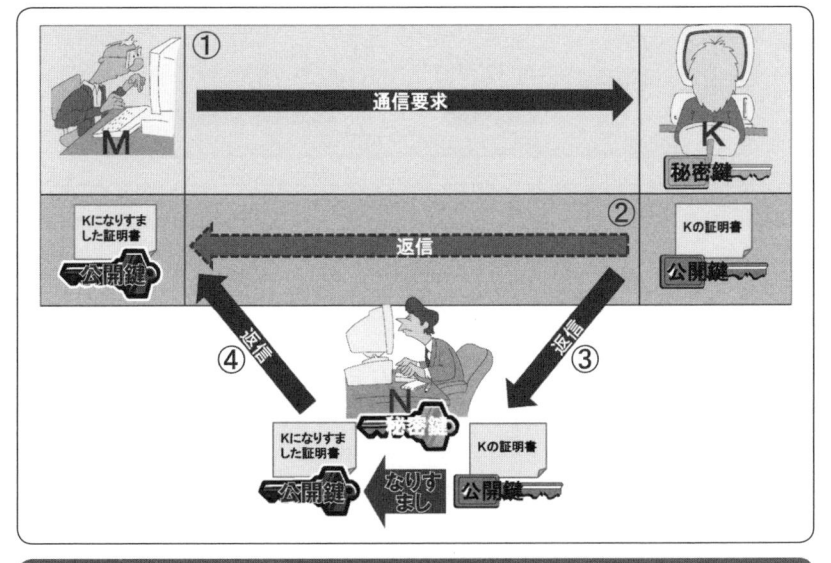

図10.6　なりすましによる改竄の例

ⓐ-②　電子署名

先に説明した PKI（Public Key Infrastructure、公開鍵暗号基盤）では、その基盤の要素として、SSL の他に、なりすましや改竄を防ぐための**電子署名**（Electronic Signature）の技術が含まれています。図10.7は、電子署名を使った通信の仕組みを示しています。

K さんが M さんとの通信をはじめるとき、図10.7の②に示すように、K さんは次の操作を行います。このとき、K さんと M さんは、共通のハッシュ関数[注10-6]と呼ばれる関数をもっています。

- K さんは M さんに送りたい平文の文書（電子文書）と自分の公開鍵を用意します。
- ハッシュ関数を使って電子文書の情報を圧縮します。圧縮された

注10-6：**ハッシュ関数**は、与えられた情報を単語や特定の長さの情報に切り分けて分類し、それぞれの種類に異なる値を割り振ることで、与えられた情報を少ない情報で区別できるようにするものです。ただ、全ての種類が完全に切り分けられるとは限らず、希に、違う種類が同じ値になってしまうことがあります。このことを衝突（コリジョン）が発生したといいます。

値（ハッシュ値、または、メッセージダイジェストと呼ばれることもあります）は、元の電子文書が異なると必ず違う値になるという性質をもっています。
・ハッシュ関数により圧縮した情報を自分の秘密鍵で暗号化します。このときできた暗号文が電子署名です。

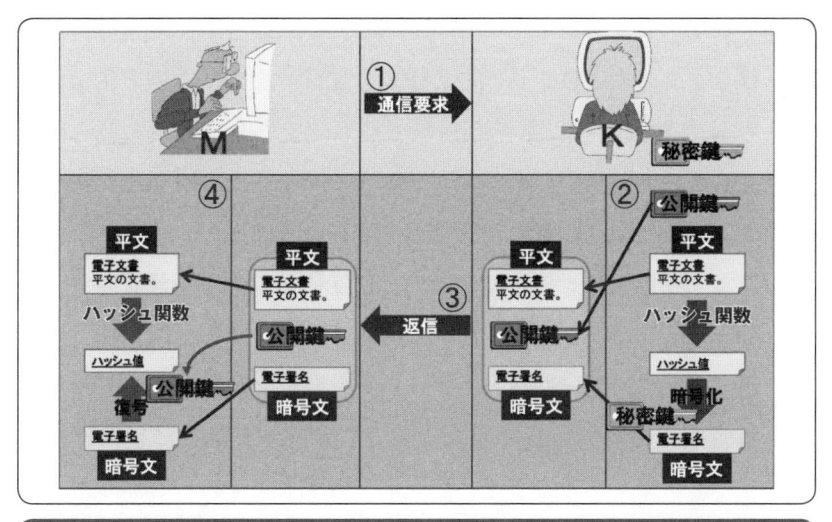

図10.7　電子署名を使った通信の仕組み

　図10.7の③に示すようにKさんは、電子文書、自分の公開鍵と電子署名をセットにして、Mさんに送ります。それを受け取ったMさんは、④に示すように、次の操作を行い改竄が行われていないかを確認します。

・電子文書をハッシュ関数を使って圧縮し、ハッシュ値を作ります。
・電子署名を送られてきた公開鍵を使って復号し、ハッシュ値を求めます。
・Mさんが受け取った電子文書が改竄されていなければ、かつ、公開鍵がすり替えられていなければ、電子文書から作ったハッシュ値と、電子署名を復号したハッシュ値は一致します。

B 認証局

● 認証局は、Web を使って不特定の人と取引を行うような企業に対して、電子証明書を使って、健全な取引を行っている会社であることを証明するといった機関である。

電子署名の仕組みを使うことで、M さんと K さんとの通信において、なりすましや改竄を防ぐことができます。ただ、この方法は信頼できる K さんとの通信を安心して行うものであり、K さん自身が信頼できるという前提が必要です。インターネット上の取引では、悪徳業者や**フィッシング詐欺**に注意する必要があります。

このような危険に対処するために、PKI の基盤の中で**認証局**（CA：Certification Authority）と呼ばれるサービスが位置づけられています。例えば、インターネットを使って商売を行う企業が、Web を使って不特定の人と取引を行う場合、自分の会社が信頼の置ける経営を行っている企業であることを、認証局に証明してもらうといったものです。

図 10.8 の①に示すように、K さんが自分の会社が信頼できる組織であることを証明するために、中立的な第三者である認証局に、**電子証明書**の発行を依頼します。認証局は、K さんを審査して信頼性が証

> フィッシング詐欺については、第 8 章の表 8.1 を参照。

> 認証局には、認証業務を有償でサービスする商用認証局と呼ばれる企業があり、世界的にはベリサインが有名であり、日本では日本認証サービス、セコムトラストシステムや帝国データバンクなどがあります。

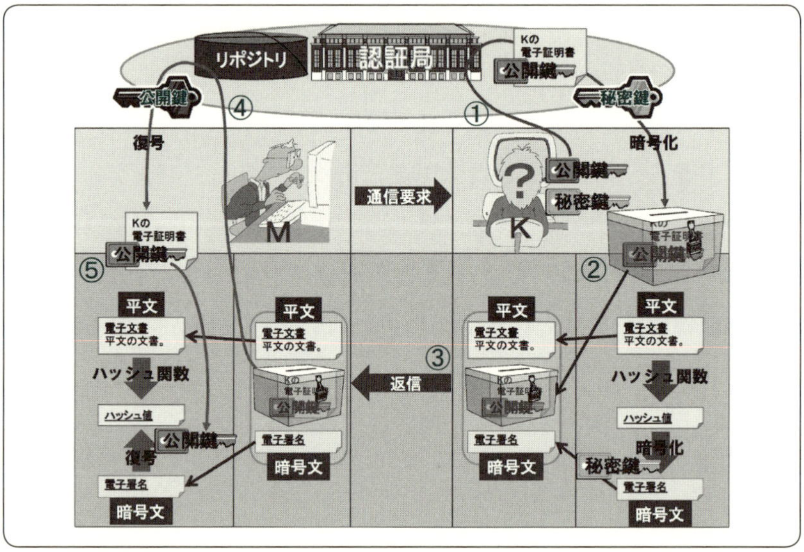

図 10.8　認証局を使った通信の仕組み

明できたときには、Kさんの公開鍵の情報を含む電子証明書を発行します。この電子証明書は、認証局の秘密鍵で暗号化されています。

　図10.8の③に示すように、Kさんは、これから通信をはじめるMさんに、Kさんの電子文書と電子署名及び電子証明書をMさんに送ります。これを受け取ったMさんは、④に示すように、電子証明書[注10-7]を発行した認証局の公開鍵を使って復号します。Mさんは、信頼の置ける認証局の公開鍵により復号できることで、Kさんが認証局の審査を通った組織であること、Kの公開鍵が正しいことが確認できるので、安心して取引を行うことができます。

　また、電子証明書の内容には、Kさんの認証番号や認証の有効期限などが記録されています。したがって、Mさんは、電子証明書の認証番号を使って認証局に問い合わせることで、Kさんの会社がすでに消滅していたり、Kさんの会社の電子証明書が盗まれていたといったことにより、Kさんの会社の信頼性が失われていないかを確認することができます。このとき確認する信頼性が失われた情報のことを、失効証明書リスト（**CRL**：certificate revocation list）と呼び、この情報は図10.8に示す認証局の**リポジトリ**に記録されています。リポジトリには、CRLだけでなく、認証した機関の公開情報についても記録されています。

　ところで、電子署名との一致の確認や認証局とのやりとりは、Mさん自身が行うものではなく、SSLを使ったHTTPSに対応するWebブラウザによって自動的に行われます。また、有効期限や信用情報については、Webブラウザの機能を使って表示して確認することができます。

注10-7：実は、電子証明書についても、電子署名の仕組みが適用されています。実際には、認証局の情報、認証した機関の認証情報とその機関の公開鍵を含めた電子文書と、それをハッシュ値にして暗号化した電子署名とをセットにして、電子証明書は作られています。

平成12年5月31日に「電子署名及び認証業務に関する法律（略称：**電子署名法**）」が制定されました。この法律は、一定の条件を満たした電子署名を、契約書への押印や手書署名と同じ取り扱いとすることを定めたものです。また、この一定の条件を満たした電子署名を承認できる認証局のことを、特定認証局といいます。

リポジトリとは、データを貯蔵しているもののことです。

図10.5で示したWebブラウザの南京錠のマークをマウスでクリックすると、証明書の内容が表示されます。

この章のまとめ

1. ある値とある演算を使って平文を読めない状態に変換した文書が暗号文で、この変換に使う値を暗号鍵という。平文を暗号文に変換する処理を暗号化、その逆の処理を復号という。

2. 暗号化と復号の処理で同じ暗号鍵を使う方式を共通鍵暗号方式という。この方式で代表的なものにDESがある。

3. 公開鍵暗号方式は、暗号化と復号で別の鍵を使う方式で、公開鍵をインターネット上などに公開し、秘密鍵を知られないように管理する。この方式で代表的な方式にRSAがある。

4. SSLは、トランスポート層とアプリケーション層との間で動作する暗号化プロトコルで、アプリケーション層のHTTPなどのプロトコルは、SSLを意識することなく利用できる。HTTPSは、HTTPの通信にSSLを使って暗号通信する方法である。

5. 電子署名は、文書を変換して作成したハッシュ値と公開鍵を組み合わせたものであり、これによって送られてきた文書が改竄されていないかを確認する仕組みである。

6. 認証局は、Webを使って不特定の人と取引を行うような企業に対して、電子証明書を使って、健全な取引を行っている会社であることを証明するといった機関である。

練 習 問 題

問題1　共通鍵暗号方式と公開鍵暗号方式について、その違いが分かるように簡潔に説明しなさい。また、それぞれの方式の代表的な種類の名称を述べなさい。

問題2　SSLの仕組みを簡単に説明しなさい。また、SSLを使っている代表的な通信サービスの名称を述べなさい。

問題3　電子署名の仕組みを簡単に説明しなさい。また、電子署名によって防ぐことのできる行為を述べなさい。

問題4　認証局の仕組みを簡単に説明しなさい。また、認証局を利用する用途について簡潔に説明しなさい。

第11章
企業でのネットワーク応用

先生：ついに、お話しする内容としては、この章で終わりとなります。よく頑張って聞いてくれました。ありがとう。

学生：先生、泣かないでください。

先生：泣くわけ無いでしょ！
今回は、企業で実際に良く使われている、ネットワークを仮想化する技術について紹介します。

学生：仮想化って、流行のバーチャルですか？

先生：そうです。
ネットワークを仮想化することで、ネットワークの柔軟性が高まり、利用しやすいネットワークを構築することができます。
それでは、最後の話を始めましょう。

学生：最後の話だから、しっかり勉強しよーと。

先生：…（まだ、第12章もあるんだけど）

この章で学ぶこと

1 インターネットを使って仮想的なプライベートネットワークを作るVPNという技術について概説できる。

2 LANを仮想的にグループ分けして、通信の独立性を確保するVLANという技術について概説できる。

3 VLANを応用した認証VLANについて概説できる。

11.1 インターネットを使った WAN の構築

A VPN

- VPN は、カプセル化とトンネリングを使って、電話やインターネットなどの公衆の伝送路で、プライベートな通信を行うことである。
- カプセル化は、パケット全体を、別のヘッダの付いたパケットに組み込むことで、異なるレイヤやプロトコルでも通信可能にすることである。カプセル化を使って異なるレイヤやプロトコルで通信することをトンネリングという。

　会社の本支社ごとの LAN を結んで WAN を構築する場合、通信事業者の専用線を借りてつなぐのが一般的でした。専用線を使うことで、WAN への外からの侵入がなく安全なネットワークを構築することができます。しかし、専用線は、みんなで共同利用するインターネットに比べその接続料が高く、また、専用線は 1 対 1 の接続のため、図 11.1 のように多地点をつなぐためには、少なくとも東京－名古屋、東京－大阪、名古屋－大阪といった複数の専用回線が必要となります。

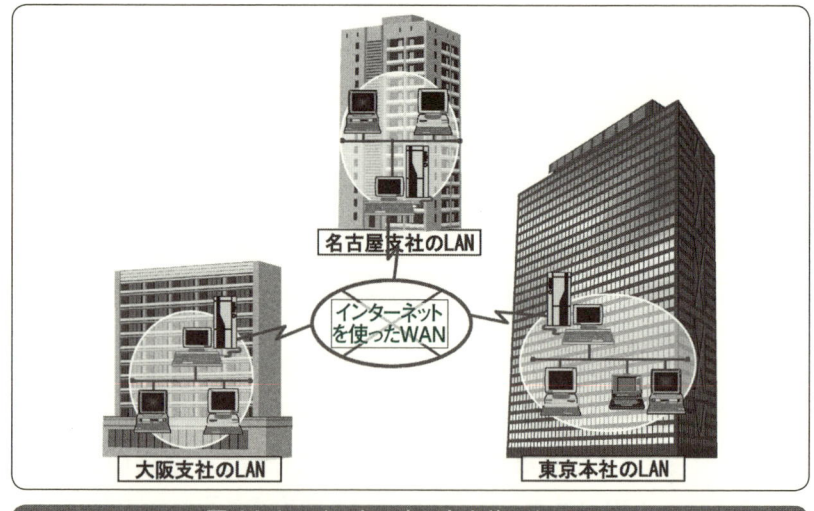

図 11.1 インターネットを使った WAN

11.1 インターネットを使ったWANの構築

したがって、最近では、接続料が安価で多地点の接続が可能なインターネットを使ってWANを構築することが多くなってきています。ただ、インターネットは公衆回線であり、ある会社が専用に利用することは当然できません。また、専用線ではないので、誰かにデータが見られてしまう危険性もあります。したがって、VPNという技術を使って、インターネットを使ったWANを構築する方法が行われています。

VPN（Virtual Private Network）[注11-1]は、電話やインターネットなどの公衆的な伝送路を使って、公衆網を意識しないでプライベートな通信を行うことができるようにする仕組みです。

たとえば、図11.2の東京本社のLANと大阪支社のLANとの二つのLAN間での通信を行うために、それらのLANをインターネットでつないでいるとします。このとき、大阪支社のPC5から東京本社のPC3にデータを送る場合、東京本社のLANと大阪支社のLANが直接接続されていれば、社内LANで使っているそれぞれのPCのプライベートアドレスによって送信することができます。しかし、インターネットでは、当然ですが、プライベートアドレスを使うことができません。

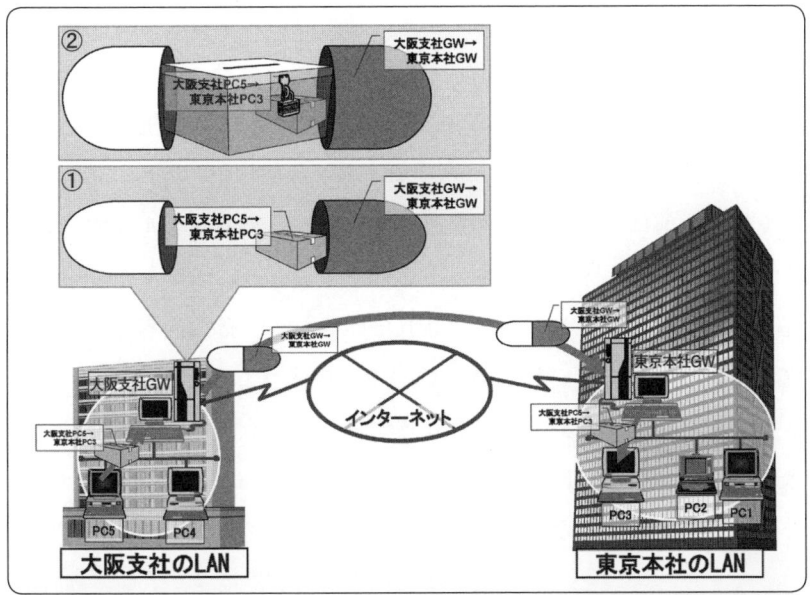

図11.2　インターネットVPNを使った通信のイメージ

注11-1：以前は音声通話を行う電話回線を使って、この仕組みが行われていました。
したがって、特に、インターネットを使ったものをインターネットVPNと呼ぶことがあります。

したがって、図11.2の①の箇所で示すように、大阪支社のPC5から東京本社のPC3に送るデータを、大阪支社のゲートウェイ（GW）からインターネットに流す前に、大阪支社のGWと東京本社のGWがもつグローバルアドレスが付いたパケットに組み込んで（このことを、**カプセル化**[注11-2]という）送信します。

このカプセル化されたパケットを東京本社のGWが受け取ると、カプセルに組み込まれていたデータを取り出し、東京本社のLANに流します。取り出されたデータにはPC3のプライベートアドレスが付いているので、大阪支社のPC5から送られたデータは、無事、PC3に到着します。

このように、インターネットによってつながれたそれぞれのLAN内のPCは、カプセル化によって、LAN間における通信において、それをつなぐインターネットを意識することなく通信することができます。すなわち、カプセルに入ったデータは、カプセルを出るまで、インターネットを経由することを意識することなく、インターネットの中を専用のトンネルを使って通り抜けていくようなイメージでとらえることができます。したがって、このカプセル化を使って、そのままでは通信できないネットワークを、通信可能にする方法を**トンネリング**といいます。

VPNではカプセル化に加えて、さらに、暗号化の仕組みも利用されます。図11.2の②の箇所に示すように、LAN内でのデータをカプセル化する前に、そのデータを暗号化してから、カプセル化する方法です。この場合、インターネットを通過するときにカプセルの中身を盗み見されても、中身が暗号化されているため、その内容を読まれる危険性が減少します。したがって、VPNを使うことで、インターネットを使った接続でも、公衆網を意識することなく、専用線を使ったときの通信のように、LAN間を直接つないだ時のような運用で、かつ、安全に通信することができます。

注11-2：カプセル化の一般的な意味は、パケット全体を、別のヘッダの付いたパケットに組み込むことで、異なるレイヤやプロトコルでも通信可能にすることです。

第10章で紹介したHTTPSのような暗号化通信の場合は、Webでの通信に限った暗号化通信でした。しかし、VPNによる決まった地点間での通信では、すべてデータを暗号化して通信するというものです。

B IPsec

- IPsecは、ネットワーク層のプロトコルであり、ルータなどの機器に実装されており、LAN間をつなぐルータがIPSecによりカプセル化と暗号化を行いVPNを実現する。
- IPsecでは、ESPと呼ばれる箇所にデータを暗号化して格納し、暗号化の方式と鍵の情報、及びデータの完全性と通信相手の認証のための情報を付加する。

VPNに使われる通信のプロトコルとしては、PPTP、SOCKSとIPsecという三つの代表的なものがあり、それぞれ異なるレイヤ（階層）[注11-3]で動作します。

PPTP（Point to Point Tunneling Protocol）：Microsoft社が提唱したプロトコルで、離れたところにあるWinodowsのPCとWinodowsのサーバをインターネットを使って接続し、カプセル化と暗号化の機能によりVPNを実現します。データリンク層で動作するプロトコルで、遠隔のPCを電話回線を使って会社のリモートアクセスサーバに接続するためのダイアルアップPPP（Point to Point Protocol）をインターネットを使った接続で利用できるように拡張したものです。リモートアクセスサーバとは、**RAS**（Remote Access Service）サーバとも呼ばれ、外部から接続されたPCの認証を行い、認証後に、内部のネットワークとの通信を許可します。

IPsec（Security Architecture for Internet Protocol）：ネットワーク層で動作するプロトコルであり、ルータなどの機器に、このプロトコルを実施する機能が実装されています。LAN間をつなぐルータがIPプロトコルにより通信するときに、IPSecによりカプセル化と暗号化を行います。したがって、このプロトコルはPPTPやSCOKSのようにサーバとクライアントをつなぐものではなく、LAN間接続といった拠点間を結ぶ場合に利用されます。IETF（The Internet Engineering Task Force）という組織により通信規格として標準化を進めています。

注11-3：
PPTPはデータリンク層で、OSI参照モデルでの第2層となります。
IPsecはネットワーク層で、OSI参照モデルでの第3層となります。
SOCKSはトランスポート層で、OSI参照モデルでの第4層となります。

SOCKS（SOCKetS）：プロキシサーバの機能を使って VPN を実現するプロトコルで、トランスポート層で動作します。ポート番号には一般的に 1080 番を使います。SOCKS サーバのことを **SOCKS プロキシサーバ**と呼ぶことがあります。内部ネットワークの PC が外部と通信するとき、プロキシの機能をもつ SOCKS サーバを経由して通信することで、外部との通信データをカプセル化及び暗号化します。SOCKS は、トランスポート層以上で動作するため、ネットワーク層やデータリンク層で動作する IPsec や PPTP などの他の VPN プロトコルと併用することが可能になります。組み合わせて利用することにより、よりセキュリティのレベルを高めることも可能になります。

ここで、本社と支社などをつなぐ VPN として使われることの多いを IPsec を取り上げ、このプロトコルの仕組みをもう少し詳しく説明します。IPSec によりトンネリングを実現する IP パケットの構造[注11-4]が、図 11.3 です。

たとえば、先の図 11.2 に示しめした大阪支社の PC5 から東京本社の PC3 に送るデータ場合、その IP パケットが図 11.3 で示す①の IP パケット（トンネリングにより送る IP パケット）となります。①の IP パケットの IP ヘッダには、大阪支社の PC5 と東京本社の PC3 の IP アドレスが書かれています。

注 11-4：IPSec によりトンネリングを実現するパケットの構造をトンネリングモードといいます。
その他には、トランスンスポートモードがあります。このモードは、図 11.3 の①の IP パケットの代わりに TCP パケット（IP ヘッダのないもの）を格納する方式で、例えば、図 11.2 の東京本社 GW と大阪支社 GW 同士が暗号化通信を行うときなどに使われます。

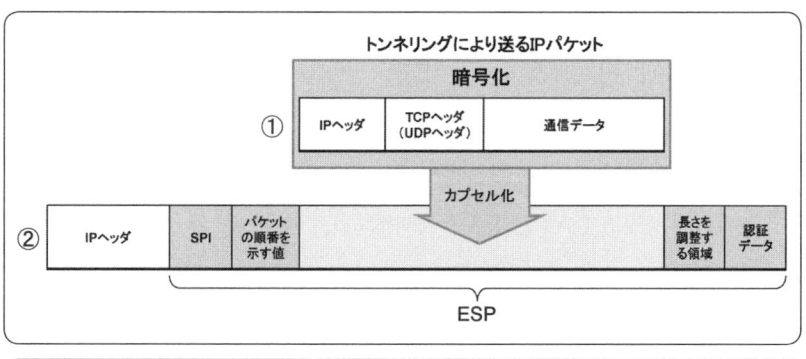

図 11.3　IPSec によるトンネリングを行う IP パケットの構成

大阪支社の PC5 から、①の IP パケットを受け取った大阪支社の GW は、IPsec の機能を使って、その IP パケットを暗号化して、図

11.3の②のIPパケットの **ESP**（Encapsulating Security Payload、暗号ペイロード[注11-5]）と呼ばれる箇所に格納します。そして、この②のIPパケットには、東京本社のGWとの通信のためのIPヘッダを付けて送信します。

ESPには、格納したデータの暗号化、データの完全性、通信相手の認証という三つの点から、図11.3に示すようにSPIと認証データと呼ばれる情報が付加されます。

- **SPI**（Security Pointer Index）：暗号化に使った暗号化の方式（暗号化アルゴリズム）と暗号鍵の種類を示す情報。IPSecでは、暗号化の方式としてDESやトリプルDESなどの共通鍵暗号方式が利用される。
- **認証データ**（AH：Authentication Header）：通信データに、通信相手との共通のパスワードを加えた内容をハッシュ関数によって変換して得た要約情報。この情報をMAC（Message Authentication Code）という。

大阪支社のGWからのIPパケットを受け取った東京本社のGWは、SPIに示された暗号化の方式と暗号鍵を使って、暗号化された通信データを復号することができます。また、東京本社のGWは、受信した通信データに、大阪支社のGWととの共通パスワードを加えたものをハッシュ関数により変換し、その値（MAC）が送られてきた認証データ（MAC）と一致するかを確認します。このことで、送られてきたデータの正しさと、共通パスワードが大阪支社のGWと一致するかを確認することができます。すなわち、通信データが途中で改ざんされていない完全なものであり、また、大阪支社のGWから送られてきたものであることを認証することができます。

ところで、大阪支社のGWと東京本社のGWでは、このIPSecでの通信を開始する前に、ネゴシエーション（事前の折衝）と呼ばれる通信を行います。この通信プロトコルのことを **IKE**（Internet Key Exchange protocol）といい、これによって、通信によりお互いが利用する暗号化の方式と暗号鍵が決められます。[注11-6] そして、この取り決めの情報がSPIに記載されるものとなります。

注11-5：ペイロードとは、最大積載量という意味です。通信の分野では、パケットに格納する通信データを指す言葉として使われています。

注11-6：IKEよって決められた暗号化の方式や暗号鍵などの合意のことを、SA（Security Association）と呼ばれます。

11.2 社内LANの仮想的なグループ化

A VLAN

- VLANは、ハブなどの設定によってLANのグループを構成することで、ポートVLANは、スイッチングハブ（L2スイッチ）がもつVLANテーブルを使って、ハブのポート番号ごとにVLANのグループを設定することができる。
- タグVLANは、イーサネットフレームに4バイトのVLANタグと呼ばれる情報を追加し、この情報によってどのVLANの通信データかを識別して通信を制御する方法である。

ⓐ-① VLANとは

社内のPCでネットワークを構築する場合、部署ごとのデータを他部署から見られないようにするために、図11.4に示すように、同じフロア内に複数の部署があるときには、部署ごとを異なるLANで構成することがあります。このとき、図のように部署ごとを別々のハブにつないで物理的に分けるといった方法があります。しかし、部署の編成が変わったり、部署Aだった人が部署Bに異動になったりといったことが起こった場合、ハブをつなぎ替えるといった作業がその都度必要になります。そこで、物理的にLANを構成するのではなく、ハブなどの設定によってLANを構成することで、つなぎ替えることなくLANの構成を変更できるようにする**VLAN**（Virtual LAN）と呼ばれる仕組みが利用されています。

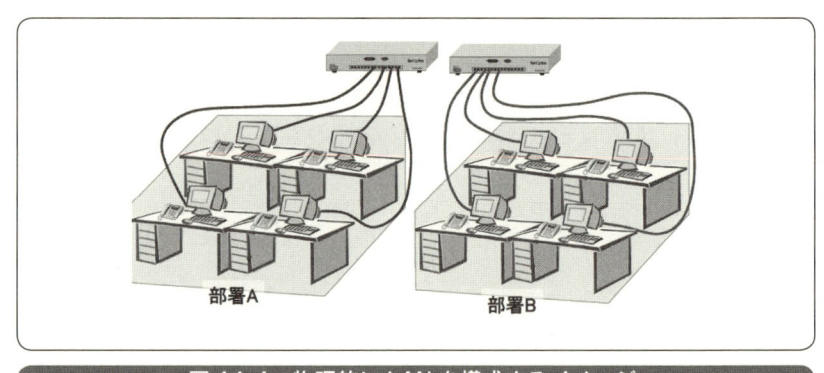

図11.4 物理的にLANを構成するイメージ

VLANには、色々な仕組みがありますが、ここでは、代表的なポートVLANとタグVLANという仕組みについて紹介します。[注11-7]

ⓐ-② ポートVLAN

ポートVLAN（**ポートベースVLAN**）は、図11.5に示すように、スイッチングハブ（L2スイッチ）がもつVLANテーブルを使って、ポート番号ごとにVLANの番号を設定し、VLANのグループ分けを行います。この設定に従って、L2スイッチは、VLAN1内のデータと、VLAN2内のデータを、VLANテーブルに従ってポートごとに流すデータを制御し、それぞれのVLAN以外にデータを流さないようにします。これにより、部署Aの通信内容が部署Bには流れることが無くなるため、部署ごとの情報セキュリティを保つことができます。

注11-7：その他には、次のような方式があります。
MACベースVLAN：PCのMACアドレスによってLANのグループを識別する方式。
プロトコルベースVLAN：ネットワークのプロトコル（IP、IPX、AppleTalkなど）の違いによってLANのグループを識別する方式。
サブネットベースVLAN：PCのIPアドレスによってLANのグループを識別する方式。

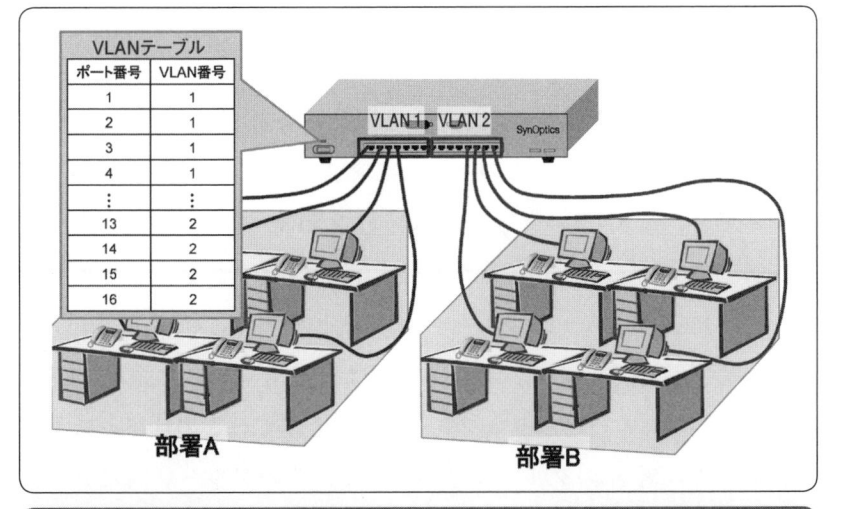

図11.5　ポートVLANを構成するイメージ

ⓐ-③ タグVLAN

タグVLANは、**IEEE802.1Q**として規格化されたVLANの仕組みで、図11.6に示すように、イーサネットフレームに4バイトのVLANタグと呼ばれる情報を追加し、この情報によってその通信データがどのVLANのものであるかを識別する方法です。VLANタグの中には、VLANのグループを示すためのVLAN番号（VID：VLAN Identifier）があるので、この番号をL2スイッチが読んで、そのVLANのグループにデータを流します。

TPID (Tag Protocol Identifier)：IEEE 802.1Q のタグ付けフレームであることを示す値「0x8100」が設定されています。

優先順位（Priority）：フレームを通信するときの優先順位を示します。

CFI (Canonical Format Indicator)：この値が1の場合は MAC アドレスが非標準形式で、値が0の場合は MAC アドレスが標準形式であることを表しています。

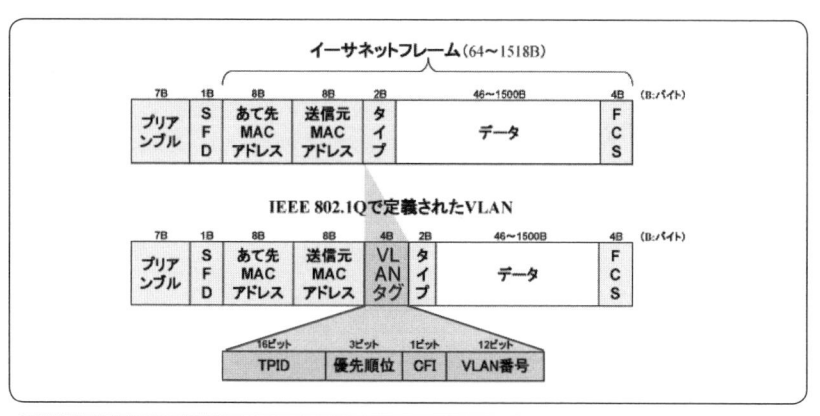

図 11.6　タグ VLAN 実現するイーサネットフレーム

　このタグ VLAN の仕組みは、図 11.7 の様なネットワーク構成のときに役立ちます。例えば、1階と2階といったように、離れたところに部署 A と B がそれぞれあり、それぞれの部署 A と B が L2 スイッチ①と②によって構成され、1階と2階で通信するために①と②がつながっているとします。このとき、部署 A の②から部署 A の①に通信する場合、まず L2 スイッチ②は、VLAN1 のグループ（部署 A の VLAN）に流すデータであることを示す VLAN タグをイーサネットフレームに書き込み、L2 スイッチ①に流します。このイーサネットフレームを受け取った L2 スイッチ①は、VLAN タグを読み、LAN1 のグループにイーサネットフレームを流します。この仕組みによって、離れた部署 A のグループをつないで、そのグループ内にデータを届けることができます。

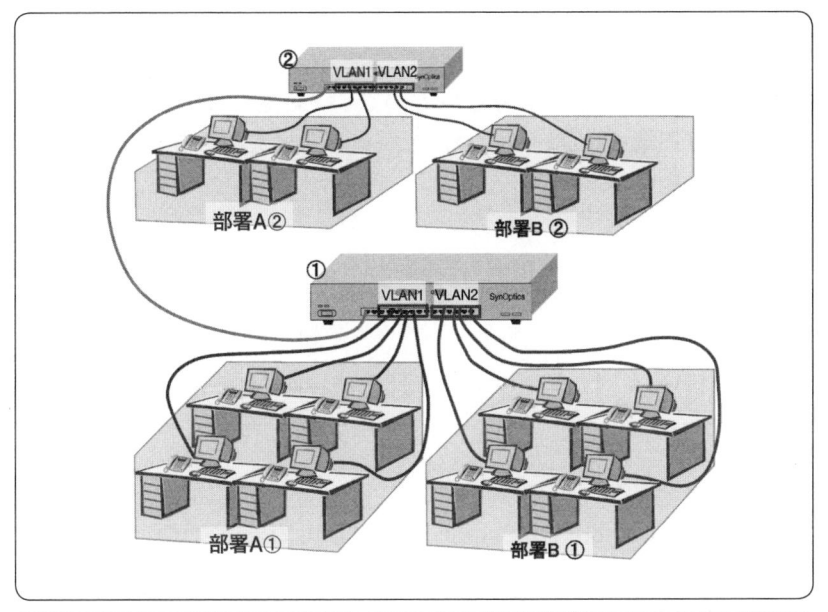

図 11.7　タグ VLAN を使った VLAN の構成例

　また、タグ VLAN の仕組みは、通信事業者が提供する専用線のサービスでも利用されています。図 11.8 に示すように、通信事業者の高速な専用線を複数の企業によって共同利用する場合、専用線と各会社を結ぶ L2 スイッチによって、A 社は VLAN1、B 社は VLAN2 といったように、VLAN によりグループ分けがなされます。これによって、専用線を流れるデータは、他の会社に流れることはなく、セキュリティを保った通信が行えます。

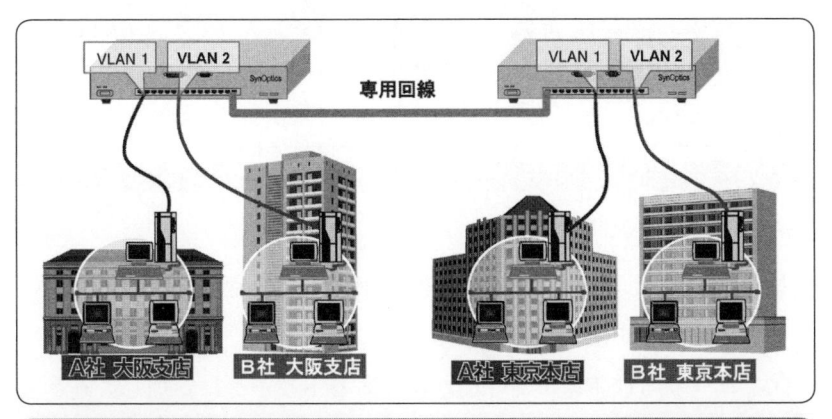

図 11.8　タグ VLAN を使った応用例

B 認証VLAN

● VLANを応用し、登録されていないPCをネットワーク内に無断で接続させないといったセキュリティを高める方法を認証VLANという。

VLANを応用して、登録されていないPCをネットワーク内に無断で接続させないといったセキュリティを高める方法があり、この方法を認証VLANといいます。この方法では、図11.9に示すように、認証VLANの機能をもったL2スイッチの他に、RADIUS[注11-8]と呼ばれるサーバを利用します。

RADIUS（Remote Authentication Dial In User Service）は、ユーザをIDやパスワードなどによって認証し、そのユーザが利用するPCのネットワークへの参加の可否を判断する仕組み（プロトコル）で、RADIUSサーバはこの仕組みを運用します。

注11-8：RADIUSは、一般にラディウスと呼ばれます。

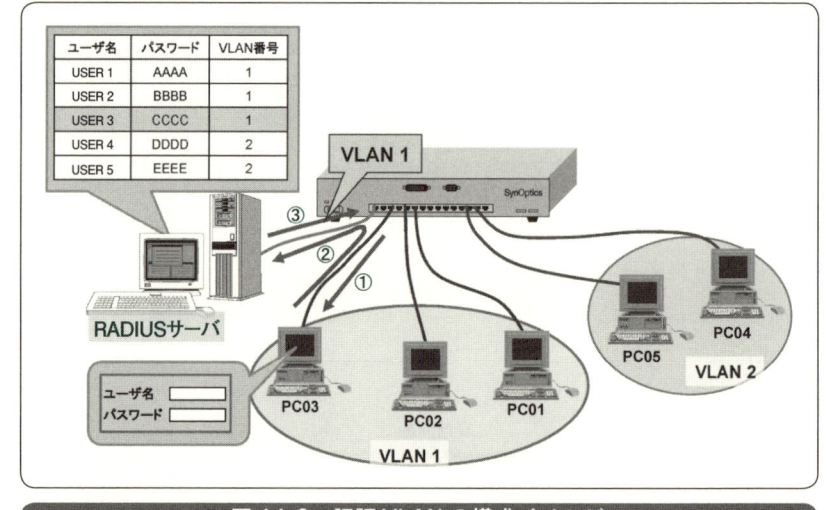

図11.9 認証VLANの構成イメージ

図11.9は、認証VLANによって、PC03を使うユーザがVLAN1に参加する様子を①～③の流れで示しています。

① ユーザ（USER3）がPC03よりネットワークに参加しようとしたとき、L2スイッチは、PC03に対してユーザ名（ID）とパスワードを要求します。

② PC03より入力されたユーザ名とパスワードが送られてくると、L2スイッチは、その情報をRADIUSサーバに送ります。

③ RADIUSサーバは、送られてきたユーザ名とパスワードにより、登録されているユーザであるかを調べます。登録されているユーザである場合は、登録されているVLANの番号の情報をL2スイッチ送り、L2スイッチはその番号を設定することで、ユーザはVLAN内に参加できるようになります。登録されていないユーザの場合は、設定されないため、ネットワークに参加することができません。

認証VLANをさらに応用した例として、**検疫ネットワーク**と呼ばれるものがあります。このシステムは、認証時に、参加するPCのウィルス対策ソフトの状態が最新であるかといった状態を確認し、安全が確保されたときのみ、ネットワークへの参加を認めるというものです。これにより、ネットワーク全体の安全性を確保することができます。

> 認証VLANにはいろいろな方法がありますが、**IEEE802.1x**により規格化された方式が代表的で、この方式ではEAP（Extensible Authentication Protocol）と呼ばれるプロトコルが利用されます（図11.9のイメージもこれに従っています）。

この章のまとめ

1. VPNは、カプセル化とトンネリングを使って、電話やインターネットなどの公衆の伝送路で、プライベートな通信を行うことである。カプセル化は、パケット全体を、別のヘッダの付いたパケットに組み込み、異なるレイヤやプロトコルでも通信可能にすることであり、この通信をトンネリングという。

2. IPsecは、ネットワーク層のプロトコルであり、ルータなどの機器に実装されており、LAN間をつなぐルータがIPSecによりカプセル化と暗号化を行いVPNを実現する。IPsecは、ESPにデータを暗号化して格納し、SPI（暗号化の方式と鍵の種類）及び認証データ（データの完全性と通信相手の認証）を付加する。

3. VLANは、ハブなどの設定によってLANのグループを構成するもので、ポートVLANやタグVLANがある。ポートVLANは、L2スイッチがもつVLANテーブルを使って、ポート番号ごとにVLANのグループを設定する。タグVLANは、イーサネットフレームに4バイトのVLANタグを追加し、この情報でどのVLANの通信データかを識別して通信を制御する。

4. 認証VLANは、RADIUSサーバを使って、登録されていないPCをネットワーク内に無断で接続させないといったセキュリティを高めたVLANである。

練 習 問 題

問題1　カプセル化とトンネリングについて、それぞれの意味を簡潔に説明しなさい。また、この二つの用語を使って、VPNについて簡潔に説明しなさい。

問題2　IPsecについて簡潔に説明しなさい。

問題3　VLANの二つの代表的な種類の名称を述べ、それぞれの種類について、その仕組みを簡潔に説明しなさい。

問題4　認証VLANとRADIUSサーバについて、それぞれ簡潔に説明しなさい。

第12章
ネットワーク総合演習

学生：長い講義でしたが、やっと終わりましたね。ネットワークやセキュリティについて、いろいろ学ぶことができました。
本当に、ありがとうございました。
よーし、近いうちに忘れないように復習しよーと！

先生：そうですね。
近いうちにといわず、"鉄は熱いうちに打て"といいますから、早速、復習しましょう。

学生：えー…（開放感が遠のきました）

先生：問題が3問ほどありますが、今までの内容を少し応用した問題になっていますので、実力がつくと思います。頑張ってやってみてください。

学生：でも、難しいと解けるか心配です…

先生：大丈夫、そのときには、関係する前の章を読み直せば、十分に解ける問題となっています。
また、しっかりと解説するので、安心してください。

学生：それでは、最後の力を振り絞って、がんばりまーす。

この章で学ぶこと

1　社内のIPアドレスの割り振りとルータの設定が行える。
2　ルータの通信経路を動的に決めるルーティング方法について調べられる。
3　安全にインターネットを利用するためのファイアウォールの設定が行える。

12.1 IPアドレスの設定

● 次の問題を読んで、社内のIPアドレスの割り振りとルータの設定について考えてみよう。

A 問題1

ある会社では、図12.1のように、ネットワークLAN-aとLAN-b及びインターネットを、二つのルータでつなぐ構成になっています。

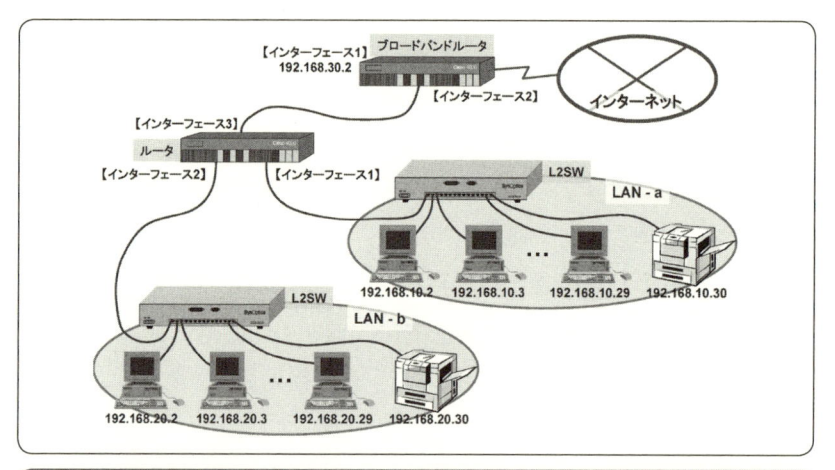

図12.1 ある会社のネットワーク構成

図12.1の構成の詳しい内容は、次のようになっています。

- LAN-aは、28台のPCと1台のネットワークプリンタで構成され、それぞれにプライベートアドレス 192.168.10.2 ～ 192.168.10.30 が割り振られています。
- LAN-bもLAN-aと同じように、プライベートアドレス 192.168.20.2 ～ 192.168.20.30 が割り振られています。
- LAN-a、LAN-bともに、28台のPCと1台のネットワークプリンタをL2スイッチ（L2SW）によってつないでいます。L2スイッチにはIPアドレスは、割り振られていません。
- ルータは、三つのインタフェース1～3によって、LAN-a、LAN-bとブロードバンドルータをつないでいます。

この問題は、情報処理技術者試験の平成20年初級システムアドミニストレータ 秋期 午後 問4を参考にしています。

12.1 IPアドレスの設定

・ブロードバンドルータは、二つのインターフェース1、2によって、ルータとインターネットをつないでいます。

設問 1

解決のヒント
第3章 3.1 ●参照

LAN-a の PC とプリンタに割り振られた IP アドレスを同じネットワークアドレスで表現するためには、ホスト部は最低何ビット必要でしょうか。また、そのときのサブネットマスクの値は幾つになるでしょうか。

設問 2

解決のヒント
第4章 4.1 ●参照

ブロードバンドルータのインターフェース1は、ルータとつなげられ、IP アドレス 192.168.30.2 が設定されています。インターフェース2には、インターネットサービスプロバイダより指定された IP アドレスとサブネットマスクが設定されます。これらの設定を表したものが次の表 12.1 で、ブロードバンドルータの各インターフェースに対する IP アドレス及びサブネットマスクの関係を示しています。

表 12.1　ブロンドバンドルータの IP アドレスの設定

インターフェース	IP アドレス	サブネットマスク
インターフェース 1	192.168.30.2	
インターフェース 2	ISP が指定した値	

注：網掛けの箇所には、設問1のサブネットマスクと同じ値が入ります。

表 12.2 は、LAN-a、LAN-b とブロードバンドルータをつなぐルータについて、その各インターフェース対する IP アドレス及びサブネットマスクの関係を示したものです。この表中の□□□に入る IP アドレスは、それぞれ幾つになるでしょうか。

表 12.2　ルータの IP アドレスの設定

インターフェース	IP アドレス	サブネットマスク
インターフェース 1		
インターフェース 2		
インターフェース 3	192.168.30.1	

注：網掛けの箇所には、設問1のサブネットマスクと同じ値が入ります。

B 解説1

設問 1

　LAN-a は、28 台の PC と 1 台のネットワークプリンタの計 29 台の端末（ホスト）で構成され、それぞれにプライベートアドレス 192.168.10.2 ～ 192.168.10.30 が割り振られています。また、IP アドレスの割り当てを考えるとき、ホスト部が全て 0 となる**ネットワークアドレス**と、ホスト部が全て 1 となる**ブロードキャストアドレス**の二つの IP アドレスは、割り当てから省く必要があります。したがって、併せて 31 個の IP アドレスが必要になります。

　忘れていけないのは、図 12.1 の場合、LAN-a をルータのインターフェース 1 につなぐ構成になっているので、ルータのインターフェース 1 にも、LAN-a と同じネットワークに属する IP アドレスを割り振る必要があります。よって、合計で 32 個の IP アドレスが必要になります。

　32 個の IP アドレスを表すには、$32 = 2^5$ より、ホスト部が 5 ビットあるとギリギリで表現することができます。このときのサブネットマスクは、2 進数で右端の 5 ビット分が 0 で表現された値となるので、それを 10 進数で表現すると、次のようになります。

```
11111111.11111111.11111111.11100000
  255      255      255      224
```

解答：ホスト部 5 ビット、サブネットマスク 255.255.255.224 となります。

注：実際には、IP アドレスを割り振る場合、接続するホストの数ギリギリで設定することはありません。あくまでも、最小のサイズを知るための問題として理解しておきましょう。

設問 2

　設問 1 で説明したように、LAN-a をルータのインターフェース 1 につなぐ場合、ルータのインターフェース 1 にも、LAN-a と同じネットワークに属する IP アドレスを割り振る必要があります。

　また、表 12.2 の注書きに、サブネットマスクの値は設問 1 で求めた値が入るとあるので、255.255.255.224 が入ります。したがって、LAN-a で使える IP アドレスの個数は 32 個となり、プライベートアドレスの範囲は、

192.168.10.0 〜 192.168.10.31

となります。

このうち、次の IP アドレスが既に割り当てられているので、
- 端末（ホスト）：192.168.10.2 〜 192.168.10.30
- ネットワークアドレス：192.168.10.0
- ブロードキャストアドレス：192.168.10.31

ルータのインターフェース 1 に割り当てることのできる IP アドレスは、192.168.10.1 となります。LAN-b についても、LAN-a と同じように考えると、ルータのインターフェース 2 に割り振ることのできる IP アドレスは、192.168.20.1 となります。

解答：求める IP アドレスは、次の表 12.3 のようになります。

表 12.3　ルータの IP アドレスの設定

インターフェース	IP アドレス	サブネットマスク
インターフェース 1	192.168.10.1	255.255.255.224
インターフェース 2	192.168.20.1	255.255.255.224
インターフェース 3	192.168.30.1	255.255.255.224

12.2　動的なルーティング

● 次の問題を読んで、ルータの通信経路を動的に決めるルーティングの方法について考えてみよう。

ルータの通信経路を動的に決めるルーティングのことを、**ダイナミックルーティング**といいます。

A　問題 2

図 12.2 は、ある会社の東京本社、大阪支社と名古屋支社をつなぐ WAN の構成を示しています。この WAN は、東京本社、大阪支社、名古屋支社のそれぞれの LAN である LAN-a、LAN-b、LAN-c を、三つのルータ 1 〜 3 によってつなぐ構成となっています。このとき、東京本社、大阪支社、名古屋支社のそれぞれ LAN 間を行き交う通信は、ルータが **RIP** で集めた経路情報によって作成したルーティングテーブルを使って、ルーティングされます。

第12章 ネットワーク総合演習

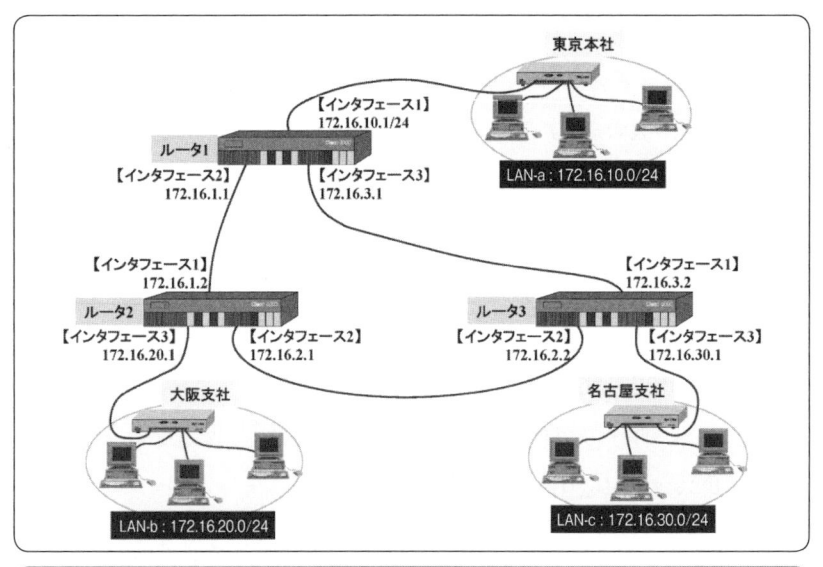

図12.2 ある会社のWANの構成

たとえば、東京本社のルータ1には、直接の情報やRIPによって、次のような経路情報が収集されます。

① ルータ1のインターフェース1にはLAN-a（IPアドレス：172.16.10.0/24）が直接接続されています。

② ルータ1のインターフェース2にはルータ2（IPアドレス：172.16.1.2）が直接接続されています。このとき、ルータ2からのRIPの経路情報によって、その先にはLAN-b（IPアドレス：172.16.20.0/24）が接続されていることが分かります。したがって、ルータ1からLAN-bへの距離はホップ数1となります。

③ ②と同じように、ルータ1のインターフェース3にはルータ3が直接接続されており、その先にはLAN-c（IPアドレス：172.16.30.0/24）が接続されているので、LAN-cへの距離はホップ数1となります。

④ ルータ1のインターフェース2にはルータ2が直接接続され、その先にルータ3（IPアドレス：172.16.2.2）が接続されています。そして、ルータ3にはLAN-c（IPアドレス：172.16.30.0/24）が接続されているので、ルータ1からLAN-cへの距離はホップ数2となります。

この問題は、情報処理技術者試験の平成20年ソフトウェア開発技術者秋期 午後Ⅰ 問1を参考にしています。

⑤ ④と同じように、ルータ1のインターフェース3にはルータ2が直接接続され、その先にルータ3、そしてその先にはLAN-b（IPアドレス：172.16.20.0/24）が接続されているので、ルータ1からLAN-bへの距離はホップ数2となります。

次に示す表12.4のルーティングテーブルは、上記の①〜⑤の経路情報を順に各行に対応づけて表現し、作成したものです。

表12.4　東京本社のルータ1のルーティングテーブル

情報源	ネットワークアドレス	ネクストホップ	ホップ数	インターフェース
直接接続	172.16.10.0/24	−	−	インターフェース1
RIP	172.16.20.0/24	172.16.1.2	1	インターフェース2
RIP	172.16.30.0/24	172.16.3.2	1	インターフェース3
RIP	172.16.30.0/24	172.16.1.2	2	インターフェース2
RIP	172.16.20.0/24	172.16.3.2	2	インターフェース3

設問

次に示す表12.5は、大阪支社のルータ2のルーティングテーブルです。表中の □ に適切なネクストホップとホップ数の値を入れましょう。

> **解決のヒント**
> 第4章4.2 ❸参照

表12.5　大阪支社のルータ2のルーティングテーブル

情報源	ネットワークアドレス	ネクストホップ	ホップ数	インターフェース
直接接続	172.16.20.0/24	−	−	インターフェース3
RIP	172.16.10.0/24			インターフェース1
RIP	172.16.10.0/24			
RIP	172.16.30.0/24			インターフェース2
RIP	172.16.30.0/24			

注：網掛けの箇所は、表示していません。

B 解説2

設問

大阪支社のルータ2に対する経路情報は、次のようになります。

① ルータ2のインターフェース3にはLAN-bが直接接続されています。

② ルータ2のインターフェース1にはルータ1が直接接続され、その先にはLAN-aが接続されているので、LAN-aまで距離はホップ数1となります。

③ ルータ2のインターフェース2にはルータ3が直接接続され、その先にルータ1が接続され、さらにその先にLAN-aが接続されているので、LAN-aまでの距離はホップ数2となります。

④ ②と同じように、ルータ2のインターフェース2からLAN-cまでの距離はホップ数1となります。

⑤ ③と同じように、ルータ2のインターフェース1から、ルータ1を通ってLAN-cまでの距離はホップ数2となります。

解答：次に示す表12.6のルーティングテーブルは、上記の①～⑤の経路情報を順に各行に対応づけて表現しています。求めるネクストホップとホップ数は、次の表のようになります。

表12.6 大阪支社のルータ2のルーティングテーブル

情報源	ネットワークアドレス	ネクストホップ	ホップ数	インターフェース
直接接続	172.16.20.0/24	-	-	インターフェース3
RIP	172.16.10.0/24	172.16.1.1	1	インターフェース1
RIP	172.16.10.0/24	172.16.2.2	2	インターフェース2
RIP	172.16.30.0/24	172.16.2.2	1	インターフェース2
RIP	172.16.30.0/24	172.16.1.1	2	インターフェース1

12.3 ファイアウォールの設定

● 次の問題を読んで、インターネットとつないでいる会社で、安全にインターネットを利用するためのファイアウォールの設定について考えてみよう。

A 問題3

ある会社のネットワークは、図12.3のように、二つのファイアウォールXとYを使って、その会社のWebサーバ及びメールサーバと、社内の二つのネットワークLAN-a及びLAN-bでインターネットを利用できる構成になっています。図に示すように、Webサーバ及びメールサーバは、**DMZ**の領域に設置されています。

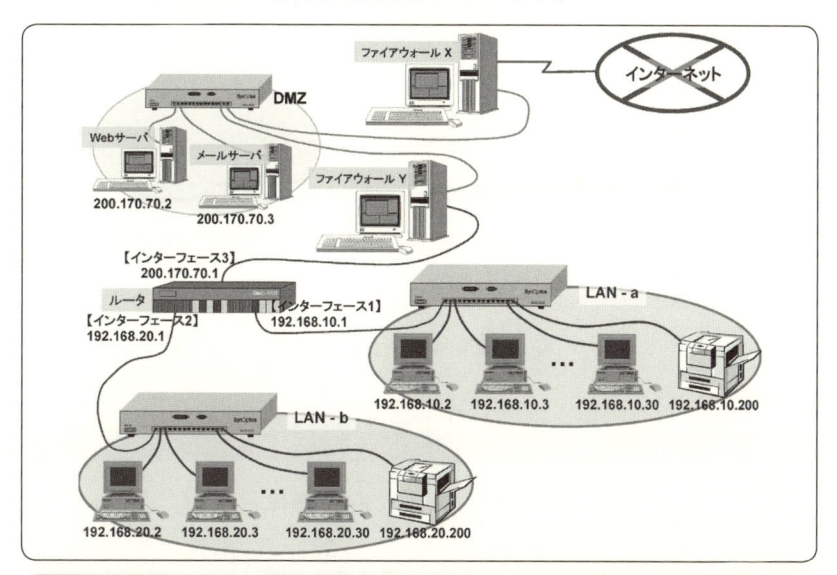

図12.3　ある会社のインターネットに接続するネットワークの構成

この問題は、情報処理技術者試験の平成19年ソフトウェア開発技術者春期　午後I　問1を参考にしています。

図12.3の構成の詳しい内容は、次のようになっています。
・ファイアウォールXはインターネットとDMZをつなぎ、ファイアウォールYはDMZと社内のネットワークをつないでいます。ファイアウォールXとYは、パケットフィルタリング型のファイアウォールです。

- Web サーバにはグローバルアドレス 200.170.70.2 が与えられており、その会社の Web ページをインターネットに公開しています。また、社内の PC から外部の Web サーバの閲覧は許可しています。
- メールサーバにはグローバルアドレス 200.170.70.3 が与えられており、インターネット経由の社外の電子メールを受信し、社内からの電子メールの発信を行っています。また、メールボックスに届いているメールの転送を、社内の PC からの要求によって対応します。
- ルータは、インターフェース 1 に IP アドレス 192.168.10.1 が設定されて LAN-a とつながり、インターフェース 2 に IP アドレス 192.168.20.1 が設定されて LAN-b とつながり、インターフェース 3 に IP アドレス 200.170.70.1 が設定されてファイアウォール Y とつながっています。
- LAN-a は、29 台の PC と 1 台のネットワークプリンタで構成され、それぞれにプライベートアドレス 192.168.10.2 ～ 192.168.10.30 及び 192.168.10.200 が割り振られています。
- LAN-b も LAN-a と同じように、PC とプリンタにプライベートアドレス 192.168.20.2 ～ 192.168.20.30 及び 192.168.20.200 が割り振られています。
- このネットワークで利用するポート番号は、次の表 12.7 のようになっています。

表 12.7　プロトコルとポート番号

プロトコル	ポート番号
smtp	25
http	80
pop 3	110

設問 1

表 12.8 は、ファイアウォール X のインターネットから DMZ への通過の可否を、IP アドレス及びポート番号によって制限するためのパケットフィルタリングの設定です。各通信の内容を考えて、表中の

解決のヒント

第 9 章 9.1 A 参照

12.3 ファイアウォールの設定

[　　　]に適切なIPアドレスの値または"任意"を入れましょう。

表 12.8　ファイアウォール X のパケットフィルタの設定

向き：インターネット→DMZ

送信元 IP アドレス	あて先 IP アドレス	あて先ポート番号	状態
任意		25	許可
任意		80	許可
任意		任意	拒否

設問 2

解決のヒント
第9章 9.1 **A**参照

表 12.9 は、ファイアウォール Y の社内 LAN から DMZ への通過の可否を、IP アドレス及びポート番号によって制限するためのパケットフィルタリングの設定です。各通信の内容を考えて、表中の[　　　]に適切な IP アドレスの値または"任意"を入れましょう。

表 12.9　ファイアウォール Y のパケットフィルタの設定

向き：社内 LAN→DMZ

送信元 IP アドレス	あて先 IP アドレス	あて先ポート番号	状態
任意		25	許可
任意		80	許可
任意		110	許可
任意		任意	拒否

B 解説3

設問 1

ファイアウォール X のインターネットから DMZ へのパケットフィルタは、メールサーバへのパケットと Web サーバへのパケットは通過させ、それ以外は全て拒否する設定となります。すなわち、

・インターネットからメールサーバへのパケット：
　あて先 IP アドレス 200.170.70.3、あて先ポート番号 25
・インターネットから Web サーバへのパケット：
　あて先 IP アドレス 200.170.70.2、あて先ポート番号 80

というパケットの通過は許可し、それ以外は全て通過を拒否します。

外部の Web サーバから送られてくるパケットについては、この問題は送信元ポート番号とファイアウォールの IP アドレスが示されていないので、設定の対象外として考えましょう。

解答：求める IP アドレスの値または"任意"は、次の表 12.10 のようになります。

表 12.10　ファイアウォール X のパケットフィルタの設定

向き：インターネット → DMZ

送信元 IP アドレス	あて先 IP アドレス	あて先ポート番号	状態
任意	200.170.70.3	25	許可
任意	200.170.70.2	80	許可
任意	任意	任意	拒否

設問 2

ファイアウォール Y の社内 LAN から DMZ へのパケットフィルタリングは、外部にメール発送するためにメールサーバへ送るパケット、メールサーバのメールボックスに届いているメールを要求するパケット、外部の Web サーバの閲覧を要求するためのパケットについては通過を許可し、それ以外は全て拒否する設定となります。すなわち、

・外部にメール発送するためにメールサーバへ送るパケット：
　　あて先 IP アドレス 200.170.70.3、あて先ポート番号 25
・メールサーバのメールボックスに届いているメールを要求するパケット：
　　あて先 IP アドレス 200.170.70.3、あて先ポート番号 110
・外部の Web サーバの閲覧を要求するためのパケット：
　　あて先 IP アドレス"任意"、あて先ポート番号 80

というパケットの通過は許可し、それ以外は全て通過を拒否します。

解答：求める IP アドレスの値または"任意"は、次の表 12.11 のようになります。

外部にメール発送するためのプロトコルは smtp となり、メールサーバのメールボックスに届いているメールを要求するプロトコルは pop 3 となります。
また、外部の Web サーバの閲覧を要求するためのプロトコルは 80 となります。このとき、Web サーバの閲覧については、Web サーバは外部の任意のサーバなので、IP アドレスは"任意"となります。

表 12.11　ファイアウォール Y のパケットフィルタの設定

向き：社内 LAN → DMZ

送信元 IP アドレス	あて先 IP アドレス	あて先ポート番号	状態
任意	200.170.70.3	25	許可
任意	任意	80	許可
任意	200.170.70.3	110	許可
任意	任意	任意	拒否

練習問題解答

第 1 章　練習問題

問題 1　回線事業者：一般電話回線、ISDN、ADSL、FTTH や専用線などの伝送路を提供する事業者
　　　　ISP：インターネットの接続サービスを提供する事業者
　　　　法律：電気通信事業法

問題 2　1 秒間に 1,000,000 ビットを通信できる速度

問題 3　ADSL：固定電話回線にディジタル情報を合成（多重化）して通信する方式で、ダウンリンクは 12 Mbps、24 Mbps や 40Mbps で、アップリンクは 3 Mbps や 5 Mbps などの速度である。接続には、ADSL モデムが必要である。
　　　　FTTH：光ファイバーを使って通信する方式で、データ伝送速度は最大で 100Mbps である。接続には、光回線終端装置（ONU：光ネットワークユニット）が必要である。

問題 4　LAN：ビルや敷地内などの限定された範囲のネットワーク
　　　　WAN：回線事業者の伝送路などを使って離れた場所のビルや敷地にある LAN 間をつなぐネットワーク

問題 5　クライアント：サービスを受容する側のコンピュータまたはソフトウェア
　　　　サーバ：サービスを提供する側のコンピュータまたはソフトウェア
　　　　代表例：Web ブラウザと Web サーバ、メーラとメールサーバ

問題 6　イントラネットは、インターネットで使われている技術を LAN や WAN などの閉じたネットワーク内で限定して利用するシステム

第 2 章　練習問題

問題 1　LAN ケーブル：一般に RJ-45 というツイストペアーケーブルが使われる。
　　　　NIC（LAN カード）：MAC アドレスをもち、それによって LAN カードが識別される。
　　　　ハブ：LAN ケーブルをつなぐ複数のポートをもち、PC をネットワークにつなぐ。

問題 2　10BASE-T（IEEE802.3i）：データ転送速度は 10Mbps で、ツイストペアーケーブル（CAT3）を使う。

100BASE-TX（IEEE802.3u）：データ転送速度は 100Mbps で、ツイストペアーケーブル（CAT5）を使う。

1000BASE-T（IEEE802.3ab）：データ転送速度は 1000Mbps で、ツイストペアーケーブル（CAT5）を使う。

問題3　IEEE 802.11a、IEEE802.11b

問題4　データを転送するときにコリジョンの発生を検出し、発生した場合には少し待って再送信をするという通信方式である。

問題5　イーサネットでのデータの形式で、データにあて先 MAC アドレスと送信元 MAC アドレスを付けることで、データの授受が行えるようにしている。

問題6　ハブは、データの行き先を考えずに、つながっているすべての PC へ転送するが、スイッチングハブは、イーサネットフレームの MAC アドレスを調べ、MAC アドレステーブルを使って、目的の PC がつながっているポートにだけ転送する。

第3章　練習問題

問題1　208.170.70.25

問題2　グローバルアドレス：インターネットで通用する IP アドレスである。

プライベートアドレス：社内などの限定した範囲で使う IP アドレスで、インターネットで利用することはできない。

問題3　クラス A、クラス C

問題4　ネットワーク部：16 ビット、ホスト部：16 ビット

問題5　サブネットマスク：255.255.255.224

CIDR 表記：200.170.70.32/27

問題6　イーサネットフレーム、MAC アドレス、ARP

問題7　128 ビット、4倍

第4章　練習問題

問題1　LAN-a 内の PC から送信されるイーサネットフレームのあて先にはルータの MAC アドレスが書かれており、これを受け取ったルータは、そのあて先を LAN-b 内の送り先の PC の MAC アドレスに書き換えて送信する。

問題2　ルータの各インタフェースに付けられた IP アドレスがネクストホップに記されており、各インタフェースにつながっているネットワークがネットワークアドレスと

して記されている。

問題3　ルータが通信経路の情報を得るためのプロトコルであり、直接つながっていないネットワークの情報を、つながっている先にあるルータから順にその先へと辿って情報を収集する仕組みである。メトリックは、先のネットワークまでの経路の距離を示す情報である。

問題4　NATはIPパケットのIPアドレスを変換する仕組みのことである。たとえば、プライベートアドレスしか与えられていないPCがインターネットへの通信を行う場合、PCのプライベートアドレスをゲートウェイがもつグローバルアドレスに変換することで、インターネットへ送信できるようになる。

第5章　練習問題

問題1　ネットワークインタフェース層：ノードを物理的につなぎ、つないだネットワーク内で電気や電波により通信する仕組み
インターネット層：IPアドレスを使ったルータによるルーティングによって、ネットワーク間での通信を行う仕組み
トランスポート層：ホストからホストへの1対1の通信（エンドツーエンド通信）を確立して通信する仕組み
アプリケーション層：Webや電子メールといった通信のアプリケーションよって行われる各通信サービスを提供する仕組み

問題2　ネットワークインタフェース層：物理層とデータリンク層に対応
インターネット層：ネットワーク層に対応
トランスポート層：トランスポート層とセッション層に対応
アプリケーション層：プレゼンテーション層とアプリケーション層に対応

問題3　ホスト1が通信を開始するとき、SYNパケットを相手のホスト2に送信。
SYNパケットを受け取ったホスト2は、ACKパケットを送信し、受信の準備を行う。
ACKパケットを受け取ったホスト1は、通信を開始する合図のACKパケットを送信し、コネクションが確立する。

問題4　通信データを利用するアプリケーション層での通信サービスを特定できる。
よく知られているポート番号、登録済みポート番号、動的／プライベートポート

問題5　TCPは通信のときにコネクションを確立するが、UDPは確立を行わないで通信を

開始する。そのため、UDPは正確にデータが相手に到達したかの確認ができないが、通信を簡易にかつ短時間で行うことができる。

===== 第6章　練習問題 =====

問題1　HTTP：Webクライアントの要求により、WebサーバがWebページを送信するためのプロトコル

SMTP：メールサーバ間でメールの送受信を行うプロトコル

POP3：メールサーバからメールクライアントへメールを取り出すプロトコル

HTTP：URL、SMTP：メールアドレス

問題2　MIME

問題3　日本：jp、大学：ac、企業：co、政府：go

問題4　全世界：ICANN、日本：JPNIC

問題5　URLやメールアドレスに記されたドメイン名からIPアドレス調べること。

問題6　企業や学校で使われているPC（ホスト）に固定的にIPアドレスを割り振ると設定変更時に手間がかかるので、DHCPを使って、ホストがネットワークに接続されたときに自動的にIPアドレスを割り振るようにする。

===== 第7章　練習問題 =====

問題1　物理的構成：ネットワークを構成する装置などの要素

論理的構成：IPアドレスなどのネットワークの設定に関連する要素

問題2　障害管理での障害発生時の作業の流れは、障害情報の収集、障害の切り分け、関係者への連絡、障害の切り離し、障害への対応、関係者への連絡、障害の記録となる。

問題3　トラフィック量：ネットワーク上を流れる情報量のこと。単位時間当たりのトラフィック量のことを呼量という。

レスポンスタイム：要求を出してから結果が戻ってくるまでの時間。

帯域（幅）：周波数の範囲のこと。一般にヘルツ（Hz）の単位で示す。

問題4　ifconfigはUNIX、ipconfigはWindowsのコマンドで、そのPCのIPアドレスやMACアドレスなどのネットワークの設定情報を調べるときに利用する。

問題5　ping、traceroute（tracert）は、そのPCのネットワークでの通信状況を調査する目的で利用する。

問題6　arpは、そのPCに直接つながっているノード（PC）のIPアドレスとMACアド

レスを記録したARPテーブルの情報を表示する。netstatは、そのPCのTCPやUDPによるコネクションの状態を表示する。

問題7　ネットワーク機器の監視（モニタリング）では、死活の検知、不正侵入の検知、リソースの監視といった管理を行う。この管理に利用するプロトコルにSNMP、管理ツールにSNMPマネージャがある。

第8章　練習問題

問題1　情報資産は、知的財産、社外秘の情報、個人情報などの守るべき情報であり、リスクは、情報資産に対する破壊、改ざん、紛失といった危険性であり、脅威は、リスクを引き起こす原因であり、脆弱性は、防ぐことのできない脅威である。

問題2　なりすまし：他人のIDやパスワードを盗用し、その人になりすます。

クラッキング：IDやパスワードをランダムに発生させるなどして、サーバに進入する。

フィッシング詐欺：偽装したページに誘導し、ID、パスワード、クレジットカード番号や暗証番号などを盗む。

マルウェア：悪意をもって作られたプログラムを指す言葉。

DoS攻撃：特定のサーバに対して、ダウンさせたり、つながりづらくさせたりする攻撃。

ファイル交換ソフト：インターネット上に一時的な専用の通信経路を構築してファイルを共有や交換をするソフトウェア。

SQLインジェクション：Webページ上のテキストボックスにSQL文を入力し、不正にデータベースを操作する。

クロスサイトスクリプティング：脆弱性のある掲示板にリンクをはり、クリックすると悪意のあるWebサーバに飛んで、不正なプログラムを実行する仕掛。

問題3　ISMSは、情報資産を洗い出し、特定した情報資産に対して、機密性、完全性、利便性の観点から情報セキュリティ基本方針を決め、この基本方針を実現するための情報セキュリティ対策基準を策定し、このルールを実践すること。

問題4　人的脅威には、ヒューマンエラー、怠慢や油断、内部の犯行などである。物理的脅威には、天災、機器の故障、侵入者による機器の破壊などがある。技術的脅威には、インターネットやコンピュータなどの技術的な手段による情報の不正入手や、破壊や改ざんなどがある。

技術的セキュリティ対策：アクセス権の制限、アカウント管理、不正ソフトウェア対策、セキュリティホール対策、コンピュータウィルス対策

第9章　練習問題

問題1　パケットフィルタリング型：インターネット層のIP、トランスポート層のTCPやUDPのパケットに対して、特定のもの通さないといったフィルタリングを行う。
アプリケーションゲートウェイ型：アプリケーション層のHTTPやFTPなどに対して、その通信内容を解釈して検査を行う。

問題2　DMZは、社内ネットワーク内にWebサーバやメールサーバを置くとその通信が侵入の経路になる可能性があるため、それを防ぐための構成であり、外部ネットワークと社内ネットワークの間にファイアウォールを使って作る境界領域のことである。

問題3　通信エリアにPCを持ち込み、勝手にネットワークに接続できる。
通信エリアが重なる場所では、どちらのアクセスポイントにも接続できる。

問題4　SSID：アクセスポイントとPCの間で特定の文字列を設定し、アクセスポイントはその文字列によってPCを認証する。
MACアドレスフィルタリング：許可するPCのMACアドレスをアクセスポイントに登録し、この情報で接続できるPCを限定する。
WPA：WEPと同じく、アクセスポイントとPC間で共通鍵による暗号化通信を行う方式。

第10章　練習問題

問題1　共通鍵暗号方式：暗号化と復号の処理を同じ鍵で行う方式で、1対1の暗号通信に利用される。
公開鍵暗号方式：暗号化と復号で別の鍵を使い、一方は公開鍵としてインターネットなどで公開し、一方は秘密鍵として管理する。不特定多数との暗号通信に利用される。
共通鍵暗号方式：DESやトリプルDES、公開鍵暗号方式：RSE

問題2　公開鍵暗号方式を使って、共通鍵のやりとりを行い、その後、その鍵を使って共通鍵暗号方式で暗号通信を行う。HTTPS。

問題3　通信相手と同じハッシュ関数を使い、電子文書を変換したハッシュ値を秘密鍵で暗

号化した電子署名を、一緒に送られてきたと公開鍵で復号し、送られてきた電子文書のハッシュ値と一致するかを確認する仕組み。改竄。

問題4　認証局は、通信を行う組織を証明する電子証明書を発行し、その組織は、通信を行うときにこの電子証明書を使って通信することで、通信相手がその組織の信頼性を確認できる。

Webを使って不特定の人と取引を行うような企業が、認証局を使うことで、取引相手の信頼を得ることができる。

第11章　練習問題

問題1　カプセル化は、パケット全体を、別のヘッダの付いたパケットに組み込み、異なるレイヤやプロトコルでも通信可能にすることであり、この通信をトンネリングという。

暗号化したデータをカプセル化して、トンネリングによって通信することで、インターネットなどの公衆の伝送路で、プライベートな通信を行う仕組みをVPNという。

問題2　IPsecは、ネットワーク層のプロトコルであり、ルータなどの機器に実装されており、LAN間をつなぐルータがIPSecによりカプセル化と暗号化を行いVPNを実現する。

問題3　ポートVLAN、タグVLAN

ポートVLAN：L2スイッチがもつVLANテーブルを使って、ポート番号ごとにVLANのグループを設定する。

タグVLAN：イーサネットフレームに4バイトのVLANタグを追加し、この情報でどのVLANの通信データかを識別して通信を制御する。

問題4　認証VLAN：VLANを応用し、登録されていないPCをネットワーク内に無断で接続させないといったセキュリティを高めたLAN。

RADIUSサーバ：ユーザをIDやパスワードなどによる認証を使って、ユーザが利用するPCのネットワークへの参加の可否を判断する仕組み。

索引

欧文

A, B
ACK ················· 67
ADSL ················ 6
ADSL モデム ········· 6
ARP ················· 41
arp ················· 107
ARP テーブル ······ 42 , 107
BOT（ボット）······· 119
bps ················· 4

C, D
ccTLD ··············· 85
CIDR ················ 37
Cookie ·············· 80
CRL ················· 157
CSMA/CD 方式 ······· 23
DES ················· 147
DHCP ················ 89
DMZ ············ 139 , 185
DNS ················· 86
DNS サーバ ·········· 86
DoS 攻撃 ············ 120

E, F, G
ESP ················· 167
FCS ················· 24
FTP ················· 84
FTTH ················ 6
gTLD ················ 86

H, I
HTML ················ 79
HTTP ················ 79
HTTPS ··············· 152
ICANN ············ 35 , 86
ICMP ················ 104
IDS ················· 109
IEEE802.3 ··········· 16
IEEE802.1Q ·········· 169
IEEE802.1x ·········· 173
IEEE802.5 ··········· 20
ifconfig ············ 102
IKE ················· 167
IMAP ················ 83
ipconfig ············ 102

IPsec ··············· 165
IPv4 ················ 42
IPv6 ················ 42
IP アドレス ········· 32
IP アドレス枯渇問題 · 37
IP データグラム ····· 72
IP パケット ········· 39
IP フラグメンテーション ··· 41
IP ヘッダ ··········· 39
ISDN ················ 6
ISO/IEC 27000 シリーズ ··· 122
ISP ················· 3

J, L
JIS Q 15001 ········· 116
JIS X 27001 ········· 122
JIS X 27002 ········· 122
LAN ················· 7
LAN カード ·········· 17
LAN ケーブル ········ 17
Local Area Network ··· 7

M, N
MAC ················· 17
MAC アドレス ········ 23
MAC アドレステーブル ··· 25
MAC アドレスフィルタリング ··· 141
MIME ················ 81
MTA ················· 82
MUA ················· 83
NAPT ················ 58
NAT ················· 56
netstat ············· 107
NIC ················· 17

O, P
ONU ················· 6
OSI 参照モデル ······ 64
PDCA サイクル ······· 123
ping ················ 104
PKI（公開鍵暗号基盤）··· 151
POP ················· 83
PPTP ················ 165

R, S

RADIUS ·············· 172
RAS ················· 165
RFC ················· 151
RIP ············· 54 , 181
RPC ················· 108
RSA ················· 150
SMTP ················ 82
SNMP ················ 110
SOAP ················ 84
SOCKS ··············· 166
SOCKS プロキシサーバ ··· 166
SPI ················· 167
SQL インジェクション ··· 120
SSH ················· 153
SSID ················ 141
SSL ················· 151
SYN ················· 67

T, U
TCP ················· 67
TCP/IP モデル ······· 62
TCP セグメント ······ 72
TCP パケット ········ 69
Telnet ·············· 84
TLD ················· 85
TLS ················· 151
traceroute ·········· 106
tracert ············· 106
TTL ················· 105
UDP ················· 72
UDP データグラム ···· 72
URL ············· 10 , 79

V, W
VLAN ················ 168
VPN ················· 163
WAN ················· 7
Web ················· 79
Web サーバ ·········· 10
Web ブラウザ ········ 10
Web ページ ·········· 2
WEP ················· 142
Wide Area Network ··· 7
Wi-Fi ··············· 21
WPA ················· 142

和　文

あ
アクセス制御 ………………………… 125
アクセス制限 ………………………… 121
アクセスポイント …………………… 21
あて先 MAC アドレス ……………… 24
アドレスクラス ……………………… 35
アナログ回線 ………………………… 5
アプリケーションゲートウェイ
　型 …………………………………… 136
アプリケーション層 ………………… 64
暗号化 ………………………………… 147
暗号鍵 ………………………………… 147
暗号文 ………………………………… 147

い、え、お
イーサネット …………………… 16 , 23
イーサネットの種類 ………………… 18
イーサネットフレーム ……………… 24
インターネット ……………………… 2
インターネットサービスプロバ
　イダ ………………………………… 3
インターネット層 …………………… 63
インターネットプロトコル(IP) … 32
イントラネット ……………………… 10
エンドツーエンド通信 ……………… 63
オクテット …………………………… 32

か
改竄 …………………………………… 153
回線事業者 …………………………… 3
回線容量（伝送路容量） …………… 101
カスケード接続 ……………………… 22
カプセル化 …………………………… 164
可変長サブネットマスク …………… 38
可用性 ………………………………… 122
監査 …………………………………… 125
完全性 ………………………………… 122

き
キーロガー …………………………… 119
技術的脅威 …………………………… 118
技術的脆弱性 ………………………… 121
機密性 ………………………………… 122
逆引き ………………………………… 88
キャパシティ管理 …………………… 101
脅威 …………………………………… 115
境界ネットワーク …………………… 139
共通鍵 ………………………………… 147

共通鍵暗号方式 ………………… 142 , 147

く
クライアント ………………………… 8
クライアントサーバシステム ……… 8
クライアントサーバ処理 …………… 9
クラス A ……………………………… 35
クラス B ……………………………… 35
クラス C ……………………………… 35
クラッキング ………………………… 119
グローバルアドレス（グローバ
　ル IP アドレス） …………………… 33
クロスサイトスクリプティング … 120

け、こ
ゲートウェイ ………………………… 56
検疫ネットワーク …………………… 173
公開鍵 ………………………………… 149
公開鍵暗号方式 ……………………… 148
構成管理 ……………………………… 97
コールバック ………………………… 128
国際標準化機構（ISO） ……… 64 , 122
個人情報 ……………………………… 115
個人情報保護法 ……………………… 115
固定電話回線 ………………………… 5
コネクション ………………………… 67
コネクションレス型通信 …………… 72
コリジョン …………………………… 23
コンピュータウィルス ……………… 119
コンピュータ犯罪 …………………… 118
コンプライアンス …………………… 125

さ
サージ電流 …………………………… 117
サーバ ………………………………… 8
サイジング …………………………… 101
サブネットマスク …………………… 37
サブネットワーク …………………… 38
三脚ファイアウォール ……………… 140
残存リスク …………………………… 124

し
シーケンス番号 ……………………… 68
シーザー暗号 ………………………… 146
障害管理 ……………………………… 98
冗長化 ………………………………… 117
情報資産 ……………………………… 115
情報セキュリティ基本方針 ………… 123

情報セキュリティ対策基準 ……… 123
情報セキュリティ対策手順 ……… 123
情報セキュリティポリシ …… 123 , 136
情報セキュリティマネジメント
　システム（ISMS） ……………… 122
情報通信ネットワーク ……………… 2
処理系 ………………………………… 9
人的脅威 ……………………………… 116

す、せ、そ
スイッチングハブ …………………… 25
スター型 ……………………………… 19
スパイウェア ………………………… 119
3 ウェイハンドシェイク …………… 67
脆弱性 ………………………………… 115
生体認証装置 ………………………… 126
性能管理 ……………………………… 100
正引き ………………………………… 88
セキュリティ ………………………… 122
セキュリティパッチソフト ……… 129
セキュリティホール ………………… 121
専用線 ………………………………… 6
送信元 MAC アドレス ……………… 24
ソーシャルエンジニアリング
　……………………………………… 117
ソケット ……………………………… 71

た
ターミナルアダプタ ………………… 6
第 1 層（物理層） …………………… 65
第 2 層（データリンク層） ………… 65
第 3 層（ネットワーク層） ………… 65
第 4 層（トランスポート層） …… 65
第 5 層（セッション層） …………… 66
第 6 層（プレゼンテーション層）
　……………………………………… 66
第 7 層（アプリケーション層）
　……………………………………… 66
帯域（周波数帯域、帯域幅、バ
　ンド幅、Bandwidth） …………… 101
ダイナミックルーティング …… 181
タイプ ………………………………… 24
ダイヤルアップ接続 ………………… 3
タグ VLAN …………………………… 169

つ、て
ツイストペアーケーブル(より対
　線) …………………………………… 17

通信プロトコル ……………… 32
ディジタル回線 ……………… 5
ディレクティッドブロードキャ
  ストアドレス ……………… 38
データ転送速度 ……………… 4
デフォルトゲートウェイ …… 51
電気通信回線設備を設置しない
  事業者 …………………… 4
電気通信回線設備を設置する事
  業者 ……………………… 3
電気通信事業法 ……………… 3
電子証明書 ………………… 156
電子署名 …………………… 154
電子署名法 ………………… 157
電子メール ……………… 2, 81
伝送路 ………………………… 3

と

トークンリング方式 ………… 20
トポロジ ……………………… 19
ドメイン ……………………… 84
ドメインツリー ……………… 86
トラフィック量 …………… 101
トランスポート層 …………… 63
トリプルDES ……………… 147
トンネリング ……………… 164

な、に

名前解決 ……………………… 86
なりすまし ………… 118, 153
ナローバンド ………………… 4
認可 ………………………… 125
認証 ………………………… 125
認証局 ……………………… 156
認証データ ………………… 167

ね、の

ネームスペース ……………… 86
ネットワークアドレス … 36, 180
ネットワークインタフェース層
  …………………………… 63
ネットワーク運用管理 ……… 96
ネットワーク管理者 ………… 96
ネットワーク構成図 ………… 97
ネットワーク部 ……………… 36
ノード ………………………… 41

は、ひ

パケットフィルタリング型 … 135
バス型 ………………………… 20
パス名 ………………………… 79
パターンファイル ………… 121
ハッキング ………………… 119
ハッシュ関数 ……………… 154
ハブ …………………………… 17
光回線終端装置 ……………… 6
ビット／秒 …………………… 4
秘密鍵 ……………………… 149
ヒューマンエラー ………… 116
平文 ………………………… 147

ふ、へ

ファイアウォール ………… 134
ファイル交換ソフトウェア … 119
ファイルサーバ ……………… 9
フィッシング詐欺 …… 119, 156
復号 ………………………… 147
輻輳 ………………………… 100
輻輳回数 …………………… 100
物理的構成 ………………… 98
物理的脆弱性 ……………… 117
プライバシーマーク ……… 116
プライバシーマーク制度 … 116
プライベートアドレス（プライ
  ベートIPアドレス）……… 33
ブリッジ …………………… 27
プリントサーバ ……………… 8
プレフィックス長 ………… 38
ブロードキャストアドレス … 38, 180
ブロードバンド接続 ………… 3
プロキシサーバ …………… 137
プロトコル ………………… 32
ベースバンド通信方式 ……… 19

ほ

ポートVLAN（ポートベース
  VLAN）…………………… 169
ポート番号 ………………… 70
ホームページ ………………… 79
ホストアドレス …………… 36
ホスト名 ……………………… 79
ホスト部 …………………… 36

ホップ数 …………………… 55

ま、む、め

マルウェア（malware）…… 119
無線LAN …………………… 20
メーラ ……………………… 10
メールサーバ ……………… 10
メトリック ………………… 55

ゆ

有線LAN …………………… 20

り

リスク＝情報資産＋脅威＋脆弱
  性 ………………………… 115
リスクコントロール ……… 124
リスクマネジメント ……… 123
リピータ …………………… 26
リピータハブ ……………… 26
リポジトリ ………………… 157
リミテッドブロードキャストア
  ドレス …………………… 38
リモートプロシージャコール … 108
リング型 …………………… 20

る、れ、ろ

ルータ ……………………… 48
ルーティング（IPルーティング）
  …………………………… 52
ルーティングテーブル …… 53
ルーティングプロトコル … 54
レイヤ ……………………… 64
レイヤ2スイッチ（L2スイッチ）
  …………………………… 65
レイヤ3スイッチ（L3スイッチ）
  …………………………… 65
レイヤ7ファイアウォール … 136
レスポンスタイム（応答時間）… 101
ローカルループバックアドレス … 108
ロボットプログラム ……… 119
論理的構成 ………………… 98

わ

ワーム ……………………… 119

■著者略歴

浅井 宗海（あさい　むねみ）
中央学院大学商学部教授
1984 年　東京理科大学大学院理工学研究科情報科学専攻修了。
(財)日本情報処理開発協会（現：日本情報経済社会推進協会）で、中央情報教育研究所専任講師、調査部高度情報化人材育成室室長として高度情報化人材育成に従事し、その後、大阪成蹊大学でマネジメント学部教授、教育学部教授、2017 年に現職。その間、経済産業省、文部科学省及び関連機関で、情報教育に関する委員会の委員や研修の講師を歴任。
主な書籍に、『入門アルゴリズム』（共立出版 1992 年）、『C 言語』（実教出版 1995 年）、『マルチメディア表現と教育』（マイガイヤ 1998 年）、『新コンピュータ概論』（実教出版 1999 年）、『1 週間で分かる基本情報技術者集中ゼミＣＡＳＬⅡ』（日本経済新聞 2002 年）、『プレゼンテーションと効果的な表現』（SCC2005 年）、『IT パスポート学習テキスト』（実教出版 2009 年）など多数。

ファーストステップ情報通信ネットワーク
Ⓒ 2011 Asai Munemi　　　Printed in Japan

2011 年 9 月 30 日	初版発行
2021 年 8 月 31 日	初版第 4 刷発行

著　者　　浅　井　宗　海
発行者　　大　塚　浩　昭
発行所　　株式会社 近代科学社

〒 101-0051　東京都千代田区神田神保町 1 丁目 105 番地
　　　　　　https://www.kindaikagaku.co.jp

加藤文明社　　　　　　　ISBN978-4-7649-0368-5
　　　　　　　　　　定価はカバーに表示してあります．